La Soudure

DU MÊME AUTEUR

chez le même éditeur

33 leçons de philosophie par et pour les mauvais garçons, 2013

La Zonzon, 2011

Alain Guyard

La Soudure

le dilettante
7, place de l'Odéon
Paris 6e

ISBN 978-2-84263-821-4

À mon cousin Michel Vignot
qui fut soudeur sur les chantiers navals de Valencia.

Envoyez-moi des livres qui m'enseignent à voler...

Correspondance d'un prisonnier italien,
interceptée par le Dr Cesare Lombroso,
in Les Palimpsestes des prisons, 1887

PREMIÈRE PARTIE

Logiques d'exclusion

Le turbin a pris ma jeunesse
Ma santé, ma joie, mes désirs ;
Et vioque, on m'a laissé moisir,
Seul et nu, devant la Richesse.

Jehan Rictus,
Berceuse pour un Pas-de-Chance

– « Propriété… privée »… Mais privée de quoi ?

À travers le pare-brise de la 306, Ryan venait de déchiffrer tant bien que mal la petite pancarte qui oscillait au gré du mistral. Elle virevoltait dans le vent et battait contre les lourds maillons de la chaîne à laquelle elle était accrochée. Mike, son grand frère, enclencha la première. La bagnole au moulin gonflé comme un haltérophile russe sous stéroïdes se mit à mugir. Le gamin au volant rit férocement et gueula plus fort que le moteur :

– La propriété, elle est privée de voleurs !

Il libéra les chevaux et envoya la caisse percuter la grille à pleine vitesse. La chaîne vola en éclats, les portes s'ouvrirent en grand et la petite pancarte valdingua pour disparaître dans la nuit. Ryan et Mike sortirent de la 306 pour contempler en silence de leurs yeux brillants les amoncellements de sapins de Noël sagement pliés dans leur boîte cartonnée. Les branches articulées étaient bien serrées le long du tronc. À travers la feuille de plastique faisant office de fenêtre, ils semblaient dormir dans leur cercueil de carton coloré. Ryan siffla d'admiration entre ses dents en contemplant la pyramide de paquets.

– T'as vu combien y en a…

Mike se frotta les mains de gourmandise.

– Un de plus, un de moins…

Ils entendirent d'abord des halètements. Puis ils distinguèrent deux masses sombres au loin, dans la lumière orangée des néons. Le bruit métallique d'une laisse qu'on détache retentit à l'autre bout du parking. Puis, ce cri, claquant comme un fouet dans la nuit :

– Attaque !

– Grouille ! hurla Mike en bondissant au volant de sa bagnole.

Mais Ryan était comme hypnotisé. Il n'arrivait pas à détacher son regard de la bête fonçant sur eux. Un coup de Klaxon de son frère l'arracha de sa rêverie. Il sortit de sa torpeur, jeta un coup d'œil à la voiture, avança d'un pas pour s'y engouffrer. Mais la montagne de sapins en plastique semblait l'appeler pour une escalade jusqu'à son sommet. Là-haut, dans sa boîte de carton blanc rouge et vert, les branches soigneusement repliées le long du tronc en plastique, un sapin l'attendait, c'était certain. L'ado restait immobile, tendu entre la convoitise du sapin et la menace du molosse.

– Putain, Ryan, grouille ! Qu'est-ce que tu branles ?

Mike avait déjà ouvert la porte du passager, il était à demi allongé sur le siège avant et, dans ses yeux, la peur se mêlait à l'excitation. Le chien venait de franchir la grille en grognant. Mike pesta, se redressa, enclencha la première. Il lâcha d'un coup la gomme. Les pneus hurlèrent. Le cul de la bagnole commença de chasser au milieu de la fumée épaisse et âcre du caoutchouc brûlé. Il serra le frein à main à fond et braqua le volant sans lâcher la pression sur l'accélérateur. La bagnole fit demi-tour en hurlant.

Pendant que la 306 tournait comme une folle toupie et que le chien entrait dans l'enclos, Ryan sauta comme un chat au milieu des cartons. Il grimpa sur le tas et, prestement, se saisit du sapin le plus haut perché. Le chien venait de bondir sur le capot de la bagnole, toutes dents dehors. Voyant cela, Mike jura, pila à fond de caisse et contre-braqua. La voiture bascula presque sur la tranche. Le clébard, déséquilibré, ripa sur la carrosserie et boula lourdement de l'autre côté. Ryan dévala la montagne de sapins sur le cul, serrant contre lui son butin en riant à gorge déployée. Mike jura à nouveau et ouvrit la porte du passager. Entre lui et son frère, le clébard chercha à se redresser mais son arrière-train avait dégusté. Alors le môme prit son élan et sauta par-dessus. Le chien sentit la proie. Il bondit sur le gamin, le mufle pointé sur son entrecuisse. Mais sa hanche brisée le fit chavirer. Ses mâchoires claquèrent dans le vide. Ryan plongea dans la bagnole la tête la première. Il claqua la portière tandis que son frère engageait à fond la marche arrière.

Par la fenêtre ouverte, Ryan brandissait la boîte du petit sapin de Noël en direction de l'agent de sécurité.

– T'as qu'à t'en prendre un avec des boules pour te le foutre au cul ! eh enculé !

L'agent de sécurité confondit la silhouette de la boîte en carton avec un fusil, renonça à la poursuite et se campa solidement sur ses jambes.

– C'est maman qui va être contente pour Noël, fanfaronna Mike, la tête basculée vers l'arrière, tout à sa manœuvre sur le parking.

Maman ne fut guère contente à Noël, car la nuque de Mike continua son mouvement au-delà des limites mécaniques de ses vertèbres sous la pression d'une balle de 11.43 propulsée par le flingue de l'agent de sécurité.

Quant à son jeune frère, Ryan, il n'avait que treize ans mais il bénéficia ainsi pour Noël de sa première leçon de philosophie politique :

La propriété, c'est le mal.

***

Dix ans avaient passé. Entre la commune de Ventrargues et celle de Couillargues, il y avait toujours le même no man's land de friches à l'herbe jaune et cassante, les mêmes dépôts d'ordures sauvages, les mêmes ceps de vignes arrachés à la poussière ocre qui tendaient leurs mains noircies et squameuses vers la D911. Mais la D911 s'en foutait, des ceps et des ordures. Elle avait d'autres préoccupations, la D911, entre ses ornières profondes comme le Grand Canyon et ses nids-de-poule qui auraient pu faire office de dortoirs à autruches. Pourtant, en dix ans, elle n'avait jamais failli à sa tâche, la petite départementale tortillonnante, et toujours elle avait conduit les égarés du bitume qui l'empruntaient jusqu'au cimetière automobile. Des caravanes et des mobil-homes s'étaient peu à peu installés au fin fond de la départementale, dans cette nécropole à bagnoles. La loi française reconnaissait la gérance de la casse automobile à deux frangins, mais il n'en restait qu'un seul aujourd'hui, au campement. Car le grand frère avait connu des différends avec la justice, et il était depuis quelque temps à l'abri des coups de soleil à la maison d'arrêt de Nîmes. C'était un type plutôt maigre, la gueule mangée par les stigmates de la petite vérole, les yeux jaunâtres et le tempérament bilieux. Son jeune frère, le responsable actuel de la décharge, était tout le contraire : un garçon jovial, court sur pattes, plutôt grassouillet, les yeux enfoncés dans une face hilare.

Le bon gros et le petit maigre s'appellent tous les deux Johnny. Pour être plus précis, ils n'ont qu'une seule carte d'identité pour deux, au nom de Johnny Patrac. Même si aucun des fils Patrac ne s'appelle Johnny. Ils portent respectivement les prénoms de Rambo (le gros affable) et de Eye of the Tiger (le petit nerveux). Le père Patrac, fan de Rocky, se fait d'ailleurs appeler lui-même Stallone Patrac – c'est toujours mieux que Marcel. La mère Patrac, Josépha, a décidé avec sagesse de raccourcir le prénom de son grand fils, Eye of the Tiger en Tiger (car « Eye », quasi homonymique de « aïe », eût fait peu viril). Cela plut au père, Stallone Patrac qui, pour fêter la trouvaille, se fit tatouer un gros tigre dans le dos. Hélas, lors d'une soirée houleuse, une décharge de chevrotine tirée dans le dos eut pour malheureuse conséquence de transformer la robe somptueuse du tigre tatoué en un étonnant semis de gros pois noirs évoquant le plumage d'une pintade.

Pour revenir à eux, les deux Johnny ont un âge indéterminé, entre vingt et quarante ans, puisqu'il peut changer au gré des interlocuteurs ou des interrogatoires. L'habitude leur en est venue très tôt, lorsqu'il fallait avoir moins de douze ans pour bénéficier de la réduction à la piscine, et plus de dix-huit pour entrer dans un sex-shop. Les Johnny souffrent un peu de la *discrimination*, comme on le déplore dans les journaux, parce que ce sont des Manouches. Mais le petit gros, Rambo Patrac, jeune propriétaire de la décharge, est d'un bon caractère, guère rancunier, et il s'applique à toujours mieux s'intégrer dans la société française : il croit dans le Dieu des chrétiens, fait des enfants à sa femme, mange au McDo, supporte l'OM, cherche à gagner toujours plus d'argent, et gruge son prochain dès qu'il le peut. Il a de plus troqué le foulard et les larges boucles d'oreilles en or de ses ancêtres montreurs d'ours pour des sweats Rivaldi moulants, qui soulignent ses généreux bourrelets, et des jeans taille basse, qui exhibent dix bons centimètres de raie du cul. C'est donc un vrai Français.

De gustibus et coloribus non est disputandum, c'est ce que pourrait se dire Ryan en contemplant la raie du cul de son ami Rambo, s'il avait des lettres. Mais, à défaut de connaître son latin, Ryan a pour lui une grande tolérance à propos des mœurs vestimentaires. Personnellement, il s'habille en suivant la mode *wesh* des petits Blancs des zones pavillonnaires – survêt Umbro, casquette Lacoste, pompes requin et faux diamant carré à l'oreille gauche. Il a enfin une petite sacoche Vuitton en bandoulière où il remise son portable et ses clopes. Et parfois une ou deux barrettes de shit. Rambo et Ryan ont en commun quelques tatouages monochromes – arabesques et motifs maoris – qui enserrent leurs biceps, et qui signalent par là leur appartenance à la clique des gens dépourvus d'originalité des années 2010.

La conversation va bon train entre Rambo et Ryan qui se connaissent de longue date. Il se trouve que Ryan a miraculeusement obtenu un CAP soudure. Bien sûr, il n'a pas de travail. Aussi pour vivoter, Ryan fait un peu de black et récupère régulièrement des pièces chez Rambo qu'il remet à neuf et vend sur Internet. Cela le change de l'usine d'emballage où il a réussi à dégotter un tiers-temps. Passer des nuits à entasser des barquettes alimentaires operculées dans des cartons à destination des hôpitaux et des hospices, ça n'est pas vraiment un travail, c'est plutôt une honte. Mais le chantage de Pôle emploi était clair : on ne refuse pas une offre quand elle se présente, ou on perd ses droits. Alors Ryan, qui rêve de Formule 1 et de trucks américains gigantesques sur la Route 66, emballe des barquettes alimentaires operculées deux nuits par semaine, et habite chez sa grande sœur.

Au fil de l'amitié qui a grandi entre ces deux-là, Rambo a accordé sa confiance à Ryan, et parfois il a fait appel à lui pour des services assez particuliers. Des Mercos à réviser dans le détail, ou des voitures puissantes qui ont besoin de chevaux sous le capot pour tirer les caravanes. Ryan s'est vu confier dernièrement un monstre de trente-deux soupapes. À l'extérieur, c'est ce bleu caractéristique de la marque. Dedans, c'est le fameux bois de myrte au toucher incomparable. Ryan a caressé la carrosserie et le tableau de bord sans dire un mot. C'est une Alpina B6 biturbo coupée avec une boîte ZF Alpina Switch-Tronic, boutons derrière le volant. Elle est immatriculée en Allemagne et Ryan a bien vu les plaques minéralogiques, recouvertes du vernis réfléchissant les flashes des radars, achetables par Internet via la Belgique. C'est une seconde main, et il faut s'assurer de sa parfaite maniabilité, lui explique Rambo, et pour ça, peut-être démonter le moteur et bien vérifier les soupapes. Il ne demande rien, Ryan, surtout il ne veut rien savoir, mais il a compris que Rambo est un sacré coquin et qu'il est en train de préparer un *go fast* entre la France et l'Espagne.

C'est à ce moment de notre histoire que survient Cyndie, également connue de Rambo Patrac, et qui l'aime bien, cette *racli*, même si elle est complètement *bartallo*. D'ailleurs elle est entrée dans la décharge de bagnoles avec la grâce et la détermination d'une nageuse est-allemande dans une piscine olympique. Pas un regard pour les deux mecs, et la voilà déjà en train de fourgonner dans la ferraille. Ryan bafouille un vague bonjour qui meurt sur ses lèvres. Le Gitan rit de bon cœur parce que le « salut ! » de Ryan est tombé dans le vide et que Cyndie n'a pas répondu. Ryan rosit, vexé peut-être.

Cyndie est occupée à de plus sérieuses affaires : elle trie un tas de tubes de cuivre volés à GDF.

***

– Ryan, là, il est soudeur, explique Rambo à Cyndie, histoire de l'aider à prendre conscience qu'il y a un être humain en plus à côté d'elle.

– Soudeur, mais euh... au chômage, précise Ryan en s'allumant une clope.

– Et Cyndie, précise le Manouche, elle, elle bricole... heu, elle bricole des trucs et des machins...

Le Gitan s'esclaffe et Cyndie, toujours fourgonnant dans le tas de ferraille, corrige de loin :

– Je les bricole pas, je les soude. Moi aussi je sais souder.

– Attends, nuance Ryan en tirant sur sa clope d'un air de cow-boy revenu des guerres indiennes, soudeur, c'est un métier... Je le sais bien, vu que mon père, eh ben lui il était soudeur... Agréé GDF trois pouces et quatre pouces, s'il te plaît... Les chantiers des pipelines, il a fait... Le pipeline, tu sais son diamètre ? Neuf ou dix centimètres, pas plus... Et tu sais l'épaisseur du tube ? Paroi de 380 !... Et attends ! vérification du boulot par radiographie.

Puis Ryan recrache une épaisse bouffée de fumée et conclut :

– Je te le dis, moi, une broderie, la soudure.

La fille renifle bruyamment et s'essuie le nez d'un revers de main. Elle rétorque, têtue, sans daigner lever le visage :

– Je sais m'y prendre, moi, en soudure.

Ryan insiste, mais à sa manière à lui, doucement :

– Tiens par exemple, faut pas avoir peur d'effleurer du bout de l'électrode le bain de fusion. Mais attention, hein, la fleur, la caresse !... Jamais du touche-touche, parce que sinon, la baguette va coller… Mais ça, vois-tu, s'approcher de la goutte sans la coller, tous les lourdingues ça les dépasse… Et au final, ils trouent la pièce.

Le Gitan pense que Ryan drague Cyndie. Il pressent la métaphore amoureuse derrière la soudure. Après tout, Cyndie est vierge encore, cela se sent. Et Rambo aurait pu attraper dans les cordes de sa guitare cet air chanté il y a six siècles par un poète assassin :

Le regard de celle m'a pris
Qui m'a été félonne et douce…
…
Rompre veut la vive soudure
Sans mes piteux regrets ouïr.

Étrangement, Cyndie n'est pas piquée au vif par la remarque de Ryan sur la soudure. D'ailleurs ce dernier ne cherche pas à se vanter auprès d'elle. Bien au contraire, c'est d'un commun accord qu'ils décident, devant un Rambo médusé, que Ryan va lui montrer comment faire au mieux, selon la nature du métal, la température et les formes à joindre. Rambo a un peu l'air d'un con, tout seul avec son Alpina. Mais Ryan lui promet de revenir.

– Y a intérêt, précise le Romano, y a aussi une Audi A8 à vérifier. Repasse quand tu veux.

Mais déjà les deux jeunes gens franchissent la grille coulissante de la casse.

– En attendant, c'est elle qui va y passer, conclut philosophiquement le rabouin en se resservant une rasade de pastaga.

***

Lorsque Cyndie lui ouvrit le petit portillon en fer rouillé qui menait au jardin de son père, Ryan eut le sentiment de se manger en pleine tronche un bulldozer, conduit par un Facteur Cheval défoncé aux vapeurs de peinture de l'atelier du Douanier Rousseau.

– Meeerde, fit-il en se passant une main sur le crâne, qu'est-ce que c'est que tout ce merdier?

– C'est pas un merdier, corrigea Cyndie d'une voix méfiante, c'est ma volière.

Cyndie avait récupéré des ailes de bagnoles dans la casse aux Patrac, et avec un système incroyable de poulies et de chaînes, elle était parvenue à les hisser le long de la façade de la baraque : les carcasses grinçaient et tournaient au vent, exhibant leurs couleurs impossibles et les barbouillages qui les recouvraient.

– C'est des écailles de dragon que t'as peintes dessus? murmura le jeune homme.

– Mais non, répondit la jeune fille en secouant la tête, t'es con ou quoi? Vu que c'est des ailes de DS, c'est des plumes d'ange.

Le jeune homme se gratta le menton, dubitatif. Cyndie montra les portières bariolées pendues à la façade. Elle continua d'expliquer :

– Et quand y a trop de vent et qu'elles se tapent dessus, tellement ça fait du barouf, que j'ai peur que ça fasse fuir mes autres oiseaux.

– T'as des oiseaux? demanda Ryan en cherchant une volière au milieu de ce carambolage de carnaval.

Elle montra le cerisier du jardin, recouvert de plaques de tôle tel un don Quichotte en armure prêt à monter à l'assaut des moulins de l'art contemporain. Chacune de ces plaques était affublée d'espèces de ballons de foot noirs, avec des sécateurs rouges en guise de becs, des boulons jaunes pour les yeux.

– C'est eux, mes oiseaux. Pour pas qu'ils s'envolent, je les ai soudés aux branches.

– Et c'est quoi, comme race ? fit le jeune homme, mi-figue, mi-raisin.

– Des cacatoès, expliqua Cyndie, je les ai mis un peu loin des dindons parce que c'est pas les mêmes animaux. Je voudrais quand même pas qu'ils se volent dans les plumes.

Et elle montra, un peu plus loin, sur le gazon rendu à sa sauvagerie de steppe mongole, un troupeau de quatre ou cinq voiturettes sans permis, désossées, éventrées, retournées, et barbouillées de vert pomme.

– Je savais pas que les dindons c'était vert, commenta timidement Ryan.

Cyndie posa son regard sur ce drôle de mec, cherchant à sonder son âme. Elle claqua de la langue avec un petit peu de mépris :

– Mais t'es con ou quoi ? C'est pas des dindons, c'est des bagnoles sans permis.

– Ben pourquoi tu les appelles dindons, alors ?

– Et la Citroën Picasso, c'est peut-être un peintre, des fois ?

Elle continua la visite en guidant Ryan par la main. Partout ça n'était que des volatiles forgés à partir de pièces d'épaves de bagnoles, des yeux bidouillés avec des phares, des poitrails en garde-boue, des roues de paon en enjoliveurs, des aigrettes en ressorts de suspension, des cous de flamants roses bleu électrique à partir de segments de pots d'échappement, et des plumes, des plumes, comme s'il en pleuvait, partout, cisaillées à partir des portières, et soudées au petit bonheur, par-ci par-là, ou même abandonnées dans l'herbe, greffées dans les arbres, collées à la façade, oubliées, rouillées dans des bidons d'eau croupie.

Ryan montra tout le jardin d'un revers de main :

– C'est toi qu'as fait tous ces trucs-là ?

Cyndie se contenta de hausser les épaules.

– Je peux pas dire c'est moi qui fais... C'est les images qui me viennent... C'est là d'où elles viennent que ça s'est fait... Moi, je me tais, je laisse venir, et ça vient... C'est comme une dictée sans les mots, qu'est-ce que j'y peux, moi?... C'est peut-être parce que moi j'y peux rien, moi, que ça vient par en dedans...

C'était criard, vulgaire, agressif et disproportionné comme une femme saoule qui accouche debout. C'était absolument mochetingue, mais joyeusement barbare, délicieusement obscène comme un bikini de petite fille taillé dans une escalope crue.

Il y eut un silence entre eux. Le père de Cyndie appela d'une voix faible. Il était assoupi dans la véranda au milieu de bouteilles vides.

– C'est rien, c'est moi, avec un copain, le tranquillisa-t-elle de sa voix forte.

Le vieux fut rassuré et changea de position sur le transat pour cuver son whisky et ses anxiolytiques.

– C'est moi, le copain ? demanda Ryan, contenant un demi-sourire et baissant le regard.

Elle l'observa, s'essaya à sourire sans y parvenir. Elle posa sa main sur la sienne, une main puissante, noueuse, veinée, piquetée de taches noires laissées par les brûlures des projections de l'arc à souder. La main de Ryan était découplée également, marbrée du cambouis qu'il n'arrivait plus à nettoyer. Deux mains sales et fortes.

– Viens, dit-elle dans un souffle.

Pour surprenant que cela paraisse, et n'en déplaise à la prophétie du Gitan, ni l'un ni l'autre n'eurent l'envie d'aller dans la chambre à coucher pour y faire l'amour. Ils se retrouvèrent dans le garage converti en atelier et mirent en marche le poste à soudure.

Là, Ryan apprit à Cyndie du mieux qu'il put tout ce que son propre père lui avait enseigné de la soudure. Cyndie était un trou noir, un appétit sans fond. Elle apprenait, prenait, dure, contractée, concentrée. Ryan donnait, transmettait, nourrissait. Il s'étonnait d'être dans le juste. Il parlait peu, murmurait, montrait surtout. La main expliquait mieux que les mots.

Souvent, plus tard, en prison, quand la tristesse le gagnera, quand la solitude lui pèsera, il pensera à cet après-midi. Il se souviendra de la lumière de l'arc électrique à travers la vitre fumée du casque, du profil de Cyndie, du souffle rauque du gaz enflammé, de l'odeur du métal en fusion, des pluies d'étincelles phosphorescentes, de la rémanence rétinienne. Après, lorsqu'il retirait le casque, une étincelle de vif-argent suivait encore un peu son regard, et se posait sur le visage de Cyndie ; il s'amusait avec elle. L'incandescence réagissait avec un très léger retard, suivait rapidement le mouvement de ses yeux puis se stabilisait doucement, comme une plume. Ryan jouait à faire glisser l'étincelle fantôme sur la ligne fine des lèvres de Cyndie, caressait avec elle la mèche de son front, soulignait la pointe de son menton. Le feu follet dansait là où il regardait, puis il s'évanouissait enfin pour laisser luire le regard sans fond de Cyndie.

Ce fut sans doute l'un des plus beaux jours de sa vie.

Jamais il n'avait autant vu briller le noir.

***

Ryan reviendra souvent. Puis il sera invité à la table du père, discret, furtif, s'excusant presque d'exister, mais finalement heureux de constater que Cyndie sortait de sa solitude.

Le père parlait peu mais buvait doucement, longuement, beaucoup, comme font les pêcheurs d'huîtres perlières quand ils s'emplissent d'air avant de descendre en apnée, et il opinait gentiment du chef à tout ce que se racontaient les jeunes. Et puis, un jour, le père s'absentera, et presque sans s'en rendre compte, cet après-midi-là, ils feront l'amour. Ils le faisaient déjà d'ailleurs, avant, mais sans se toucher, et le lendemain qu'elle lui offrit sa virginité, il s'installa chez elle.

Le père s'en ira un beau jour, prétextant vouloir habiter chez sa sœur dont il prétendait qu'elle réclamait sa compagnie. Il confia les clefs à Cyndie et ne passa ensuite qu'une fois par semaine, le dimanche matin, pour se siffler une Suze en compagnie des enfants. Puis il repartait discrètement avec les factures. Les deux amoureux eurent un désir d'enfant, une petite fille, que Cyndie voulut prénommer Wendy.

– Wendy, c'est bien cool comme prénom. Comme la grande sœur à Peter Pan, précisa-t-elle un jour alors qu'ils fumaient au lit.

Cela plut à Ryan qui était allé à Disneyland Paris du temps de ses vertes années. Et si Wendy était la grande sœur, peut-être y aurait-il ensuite un petit frère. Il trouva l'idée amusante d'avoir une grande maison avec plein d'enfants gambadant partout.

– Alors on n'a qu'à prendre Wendy.

– Wendy, répéta Cyndie en hochant du menton et en fronçant des sourcils, comme lorsqu'elle cherchait un tube de cuivre dans la décharge des Gitans.

Le père de Cyndie voulut s'arrêter de boire en l'honneur de la petite Wendy à naître, mais Cyndie n'avait plus ses règles depuis le suicide de sa mère. Précisément depuis la bouffée délirante aiguë qui l'avait conduite, à l'issue de la mort de cette dernière, en hôpital psychiatrique. La camisole chimique avait en effet occasionné une sorte de ménopause avant l'âge. Cyndie s'était échappée de l'asile et avait retrouvé dehors ses angoisses. Mais plutôt que de les assommer à coups de médicaments, elle les purgeait dans la bricole ensauvagée et la soudure hystérique. Elle peupla donc le jardin paternel des monstres qui nichaient dans sa caboche, retrouva ainsi un peu de paix, de liberté, mais toujours pas ses règles. La gynéco proposa donc une régulation hormonale par injection. Cyndie fit une fausse couche. Puis une autre, et encore une autre. Libéré de ses engagements, le père revint à la bouteille et, assez rapidement, il en mourut. La maison du papa de Cyndie fut hypothéquée pour payer les dettes que le notaire lui découvrit.

Le jeune couple se retrouva à la rue.

***

Kristopher, un collègue de Ryan, avait connu le même destin social que ce dernier. De petits boulots en plan chômage, il végétait sur un mi-temps chez un concessionnaire Peugeot. Exploité dans le plus gros garage de la sortie d'autoroute « Kilomètre Delta », il passait son temps à maudire son patron et à lui voler du matériel informatique de reprogrammation de moteurs. Kristopher n'était pas comme Ryan, un contemplatif passant son temps à ne rien foutre, sinon bidouiller des épaves. Kristopher avait de l'énergie à revendre et de la colère à ressasser. La nonchalance était pour lui un vice comme la douceur de vivre – aussi clamait-il à qui voulait l'entendre qu'il était de droite et il caressait des projets ambitieux d'homme d'entreprise. L'ouvrier garagiste miteux s'imaginait propriétaire de boutiques de fringues et de bars de nuit. Dans ses délires les plus fiévreux, il se berlurait en « producteur d'événementiels festifs », acoquiné aux stars de la téléréalité, ou bien à faire le miroir à putains dans des clips de rap. En attendant, il portait des chaînes en joncaille, prenait l'accent des petites cailles et sortait avec des bimbos marseillaises liposucées du cervelet. Mais comme ce train de vie lui coûtait un rein en caution, pour compléter sa paie minable, il consacrait ses week-ends à retaper des logements insalubres qu'il louait ensuite au black.

– Et à propos d'appart, t'en as pas un dispo pour moi et ma meuf ? demanda Ryan.

Kristopher tordit du nez. Ils avaient bossé ensemble sur le même poste. Lui, Kristopher, passait ses heures à vérifier sur les ordinateurs du garage les microprocesseurs des bagnoles en panne. Il avait un vrai savoir technique, mais celui-ci le cantonnait au travail de bureau, en combinaison grise toujours impeccable. Ryan, quant à lui, tapait dans la ferraille et patouillait le cambouis ; c'est lui qui descendait dans les fosses pour les vidanges, qui ouvrait les moteurs et ressortait de l'atelier noir et crasseux.

– Ben j'ai bien un truc, hasarda Kristopher en lissant le fin collier de sa barbe brune, mais ça me sert à planquer le matos que je lui tchoure, à cet enculé de patron. Donc je peux pas te le louer.

– Tu veux que je te donne un coup de main pour le vider, ton appart ?

– Et où est-ce qu'on le mettrait, le matos ? rétorqua Kristopher. J'en ai au moins dix mètres cubes.

– T'as pas des box de garage ?

– Je les sous-loue à des mecs qui font du trafic de motos et de scoots débridés.

Ryan réfléchit un instant.

– T'as cinq minutes ?

Il s'isola pour passer un coup de fil. Quand il revint, Ryan éteignit son téléphone, l'air satisfait :

– J'ai un pote à moi qui va passer avec son fourgon. Rambo qu'il s'appelle. Tu vas voir, on va te déménager tout ton bordel dans une planque à lui.

Kristopher fronça des sourcils.

– Et c'est où, cette planque ?

– Dans un grand hangar au père à Rambo. Au bout de la rue Pierre-Semard.

Les deux jeunes hommes attendirent l'arrivée des Gitans en silence en descendant quelques bières.

– Alors comme ça, tu te montes en ménage ? demanda Kristopher pour tuer le temps.

– Ouais, répondit brièvement Ryan en contenant un sourire.

Il faisait rouler sa canette entre ses mains fortes, tout rêveur. Kristopher insista :

– Et c'est qui, ta meuf ? Tu me la présenteras bientôt ?

Ryan but une gorgée, secoua doucement la tête en souriant et se passa la main sur le crâne. Kristopher finit sa bière et froissa la fine tôle entre ses mains. Il repartit à l'attaque.

– Allez quoi, fais pas ta pute ! À quoi elle ressemble ? Je suis sûr qu'elle est taillée comme un avion de chasse, pas vrai ?

Et devant le silence têtu de Ryan, il approcha sa main du portable de ce dernier :

– Montre-moi au moins sa photo ! Je suis sûr que tu l'as mise sur l'écran d'accueil !

Ryan fut plus vif et rafla le mobile avant que Kristopher ne puisse le saisir. Il le glissa dans la poche de son survêt en riant doucement.

– Tu sais, je suis vraiment mordu d'elle, avoua-t-il.

– Mariage et tout et tout ?

Ryan se mit à sourire.

– Faudrait qu'on ait un peu de braise, pour la robe à flafla, les dragées et les enfants de chœur…

– Ah ouais ? fit l'autre, alors trop c'est du sérieux…

Puis, jetant un coup d'œil par en dessous à son copain :

– Sans déconner ?!… Me dis pas que tu voudrais aussi lui foutre un polichinelle dans le tiroir ?

Ryan se rencogna dans le canapé et rougit :

– Elle peut pas faire les bébés.

Il y eut un long silence que Kristopher chercha à briser par une nouvelle tournée de bière. Ryan en profita pour lancer d'un ton faussement enjoué :

– Elle est tellement cool, ma meuf, que, à peine tu la verras, trop t'auras envie de me la voler !

Kristopher s'exclama :

– Pour te la choper, faudrait que je commence par me débarrasser de toi !

Les deux jeunes gens s'observèrent et, le temps d'une seconde, il passa dans leur regard une ombre furtive. Mais il y eut bientôt un vacarme de frein au plancher, de moteur asthmatique et de flamenco hurleur. Deux portes claquèrent. Déboulèrent le père et le fils Patrac. On fit les salutations d'usage et l'on but une Kro dehors devant la camionnette. Le courant passa assez bien entre Rambo, Stallone et Kristopher, et ils se mirent d'accord sur cinq cents euros de location pour un hangar immense et désaffecté. C'était à l'autre bout de la ville, en allant sur la route d'Avignon, vers les anciens ateliers SNCF. Les locaux désaffectés étaient encore théoriquement la propriété du comité d'entreprise, mais le vieux Stallone Patrac avait réussi à en obtenir l'usufruit moyennant quelques menaces à des néocadres s'imaginant qu'on pouvait bazarder le parc immobilier de la compagnie en passant outre les mises en garde des vieux syndicalistes. Après quelques pneus crevés, deux ou trois coups de barre à mine à hauteur des genoux, ces commerciaux, engagés à Paris pour négocier la reconversion des hauts lieux de la mémoire ouvrière en salles de spectacle, installations d'art contemporain et autres pépinières de start-up, eurent soudain l'illumination que les ateliers SNCF pouvaient rester à la SNCF. Les vieux cégétistes, pour remercier Stallone, lui offrirent de profiter de quelques-uns de ces ateliers selon son bon plaisir : ils en utilisaient déjà un ou deux pour remettre en ordre des vieilles locos et organiser des apéros de la section syndicale, mais les autres étaient toujours désaffectés. Ce fut l'un d'entre eux qu'il loua à Kristopher.

Kristopher, Ryan, Rambo et Sylvester déménagèrent donc le matériel en un rien de temps. La planque était un grand atelier lumineux, avec une verrière art déco. Au moment de repartir, le vieux Stallone observa Ryan, immobile, la tête en l'air, contemplant les grandes arches de métal et les vitraux où jouait la lumière.

– Ça va mon gamin ? s'inquiéta le vieux. Qu'est-ce t'as vu passer ? La Vierge Marie ?

L'autre prit une clope qu'il avait coincée derrière l'oreille.

– Dis-moi, Stallone, t'en as d'autres, des hangars pareils, tout lumineux autant ?

– Ben ouais. Pareil, à cinq cents balles le mois. Avec une avance de trois, pour voir venir. C'est pour toi ?

Ryan alluma sa clope et souffla la fumée dans la belle lumière qui passait à travers les vitres.

– Non, c'est pas pour moi. C'est pour Cyndie.

***

Le lendemain, Kristopher attendait Ryan et Cyndie à l'entrée de l'appartement, tout souriant, secouant un trousseau de clefs entre deux doigts comme on présente un sucre à un chien. Cyndie déboula la première dans le couloir. Elle pesta sans prendre garde à Kristopher, puis retira une de ses chaussures basses Adidas. Les ongles de son pied étaient peints d'or pailleté, mais les doigts étaient noirs de crasse.

– Sa race l'enculée la ballerine. Y a sa mère la lanière qu'a pété.

Kristopher détailla la jeune fille, debout, penchée sur son pied endolori qu'elle massait. Il avait une vue plongeante sur le tee-shirt béant. Pas plus de soutien-gorge que de poitrine… Les tétins fuselés et roses frottaient librement contre la toile du tee-shirt orné de gros diamants qui dessinaient une tête de mort.

– Alors c'est toi, Cyndie ? lui demanda-t-il.

Elle se redressa à demi et jeta un coup d'œil derrière elle. On entendit claquer la portière de la Mégane de Ryan qui finissait de se garer.

– Bien sûr que c'est moi, répondit-elle, pourquoi ?

Et elle tendit la main afin que le jeune homme y dépose les clefs. Le regard de la jeune fille s'arrêta sur les mains blanches et propres de Kristopher. Il n'avait pas le signe d'appartenance de la classe des travailleurs, l'ourlet noir de graisse et de cambouis qui endeuillait les ongles.

– Pour rien, répondit l'autre. Seulement, Ryan voulait pas me dire comment t'étais… Je te voyais pas comme ça…

– Et comment tu la voyais, ma femme ? intervint Ryan.

Il venait d'arriver dans le couloir et jeta un regard à Cyndie et à son camarade. Ce dernier chercha à s'expliquer :

– J'sais pas… Je l'imaginais plus… Cool… Comme toi, Ryan, quoi, pas stressée…

– Alors comme ça, je suis stressée ? bougonna-t-elle en renfilant la ballerine martyrisée.

Kristopher jeta un coup d'œil à la dérobée au couple. Ryan, les mains dans les poches, une clope éteinte au coin du bec, les yeux à demi plissés ; et sa gisquette, encore à cloche-pied dans le scouloir, toute rougie de l'effort, soufflant sur une mèche rebelle en travers de sa tronche.

– C'est pas ça, tenta de corriger Kristopher en s'empourprant, mais je te sens vachement... Vachement, je sais pas comment dire... Vachement à fond...

Cyndie fut surprise. Elle regarda Ryan, puis Kristopher. Le copain de Ryan était beau comme un footballeur. Il en avait d'ailleurs la coiffure, sophistiquée et ridicule. Elle pointa l'index sur la mèche peroxydée dressée en volute devant laquelle la vague d'Hokusai aurait paru mer d'huile.

– C'est quoi, ta coupe ? demanda-t-elle.

– Hein ?

– Je veux dire, tu mets du gel et tout et tout, le matin, non ?

– Ben ouais... Faut bien que ça tienne, balbutia Kristopher en rougissant.

– Moi je me fais pas chier, je me fais une couette.

Elle tira sur la sienne avec des allures de ninja serrant un bandeau avant de monter à la bataille. Et elle éclata de rire. Kristopher vit danser dans ses yeux gris une lueur qu'il n'avait jamais connue. Même son rire était nouveau pour lui. Et sans savoir pourquoi, il se mit à rire à son tour en faisant sauter les clefs dans sa main.

Ryan attrapa les clefs à hauteur des yeux de Kristopher. Les muscles de sa mâchoire saillaient.

– C'est bon... On te la prend, ta thurne.

***

L'appartement était propre, électricité et plomberie remises à neuf. Sis derrière la rue du Château-Fadaise, non loin de la rue Becdelièvre, il était au quatrième sans ascenseur. Les peintures étaient refaites soigneusement, lumineuses, mais il n'y avait qu'une fenêtre, dans la cuisine, donnant sur le parking à l'angle de la rue Benoît-Malon. La chambre était une pièce aveugle et bientôt, le blanc éclatant des murs s'auréola de taches jaunes et grises : il y avait des problèmes d'infiltration. Le couple s'y installa bon an mal an. Cyndie faisait les courses, préparait le repas, mangeait, surfait sur Internet, téléchargeait des séries, vérifiait ses messages, se nourrissait d'images et de plats surgelés. Sa vie suivait son cours en s'épaississant dans la banalité.

Un jour, Rambo proposa à Ryan de déblaxonner complètement une 306 au chalumeau et au tournevis plat pour installer ensuite un arceau de sécurité multipoint. Ensuite, il devait le souder au niveau du pavillon et sur les barres fixées aux bols d'amortisseurs. C'était une S16, avec une boîte à six vitesses qui faisait monter la bête à cent soixante-sept chevaux. L'arceau devait renforcer la voiture en vue d'un rallye, se justifiait Rambo, pour rapprocher ses performances de la 306 maxi. Ryan supposait que le rallye allait certainement se faire sur la départementale qui longeait l'autoroute, entre la France et l'Espagne. Il songea que la 306 avait nettement moins de classe que l'Alpina. Mais l'Alpina était loin maintenant, partie pour des contrées où il neigeait de la coke en plein été. L'affaire avait échappé à Ryan qui n'avait pas su répondre oui tout de suite, et c'est ce qu'il se disait en essuyant le cambouis de ses mains devant la carcasse trapue et basse sur cul de la 306.

Au fond, sa vie à lui se passait, et il ne s'y passait rien.

***

Une nuit, Cyndie fut réveillée par son père qui lui caressait la joue.

– Mais pourquoi tu reviens ? t'es mort, murmura-t-elle du bout des lèvres en lui embrassant la paume.

Il haussa les épaules. Il avait l'air enfin reposé. Elle nota que sa chevelure avait repris du volume, comme sur les photographies d'enfance où il jouait à la plage avec elle.

– Tu as l'air d'aller mieux.

Il s'allongea à côté d'elle en partageant son oreiller. Elle sentit son odeur, l'eau de Cologne bon marché, le tabac, et quelque chose d'autre encore. Mais l'odeur de lessive qui lui collait à la peau depuis qu'il était agent d'entretien, cette sale puanteur de propre, de Javel et de détergent, avait disparu. Comme s'il devinait ses pensées il commenta :

– Il y a un grand pin mélèze au milieu du cimetière. C'est peut-être lui qui m'embaume.

Il lui indiqua la fenêtre de la cuisine. Cyndie se leva en prenant bien garde de ne pas réveiller Ryan. À pas de loup, elle alla jusqu'à la vitre. Le parking était illuminé comme en plein jour par l'éclairage urbain orangé. Tout, des façades jusqu'au goudron, tout était sépia, comme sur des photographies de l'ancien temps.

Elle colla son front à la vitre. La fraîcheur lui fit du bien. Elle observa les antennes relais téléphoniques au sommet de l'immeuble en face, sur l'avenue Jean-Jaurès. Cyndie crut déceler un mouvement. Elle fronça les sourcils et s'appliqua à détailler la silhouette des antennes.

– Il y a des oiseaux posés dessus, constata-t-elle.

Son père avait ouvert la porte du frigo pour y prendre une bière. Il la rejoignit à la fenêtre et contempla avec elle le sommet de l'immeuble.

– Tu continues de boire ? demanda-t-elle sans quitter des yeux le spectacle intrigant.

Il ne répondit pas, mais toqua contre la fenêtre avec le cul de la bouteille. À ce signal une nuée d'oiseaux de fer multicolores s'envola des antennes.

– Mes... Mes oiseaux... murmura-t-elle.

Son père lui passa le bras autour des épaules.

– Ils sont en train de migrer eux aussi, expliqua-t-il. Il ne faudra pas être triste.

Au matin, elle prétexta des courses à faire à l'autre bout de la ville et s'en alla jusqu'à l'ancien petit pavillon de son père. Arrivée au croisement de sa rue, elle entendit le rugissement des moteurs des Caterpillar. Elle s'avança à pas comptés, la tête rentrée dans les épaules. Elle vit le panneau qui annonçait le prochain immeuble de bureaux, les tractopelles qui s'affairaient dans le jardin, creusant des tranchées, arrachant les arbres fruitiers, renversant les murs. Au coin de la rue, un camion de gravats manœuvrait à grands craquements de vitesse. Il passa à sa hauteur et elle sentit le grondement du moteur dans son ventre. Elle crut distinguer, au milieu des barres de fer tordues de la verrière et des amoncellements de briques, des ailes cassées et des becs brisés. Le gros-cul la dépassa. Elle fit demi-tour et suivit le camion pendant quelques mètres. Quand il disparut au tournant, elle resta campée au milieu de la chaussée un long moment parmi les tourbillons de poussière qui s'élevaient des déchets. Un coup de Klaxon la sortit de sa torpeur.

– Alors, qu'est-ce que tu fous ? Dégage !

Le chef de chantier la hélait de son 4X4 aux vitres fumées. Elle passa sur le trottoir, avança comme un automate jusqu'à l'arrêt de bus. Le C33 conduisait directement au cimetière de son père. Elle trouva une place à côté d'une vieille dame bavarde qui venait fleurir la tombe de son mari.

Au cimetière, elle trouva le carré où était inhumé son père et repéra facilement le mélèze qui offrait son ombre rousse aux caveaux et aux tombes. Elle s'avança jusqu'à l'arbre et le toisa du tronc jusqu'au faîte. Alors elle prit une grande inspiration, hurla de toutes ses forces. Une nuée d'oiseaux de fer multicolores quitta le mélèze. Ils s'élevèrent tous dans l'azur et bientôt disparurent. Cyndie s'effondra sur le tapis moelleux d'aiguilles de pin et crut sentir l'odeur de son père.

Lorsqu'elle ouvrit à nouveau les yeux, elle vit une jeune femme de son âge, rousse, aux yeux bleus, penchée sur son visage et qui la détaillait comme on le fait d'un objet. Son regard froid la fit sursauter, mais elle la reconnut.

– C'est… C'est toi, Wendy ? Comme tu es grande… Plus grande que moi.

L'apparition ne cessait de scruter la jeune femme.

Alors Cyndie se mit à rire, et Wendy en fit autant, soit parce qu'elle ne la comprenait pas, soit parce qu'elle la comprenait trop.

***

Kristopher décrocha au milieu de la nuit. Mal réveillé, il repéra tant bien que mal sur l'écran du portable le numéro de Ryan.

– Oh Ryan, t'es pas dingue de me téléphoner à cette heure-ci ?

Personne ne répondit. Rien que le silence épais de la nuit.

– Ryan ?

Il tendit l'oreille. Une respiration. Oppressée. Qui faisait des efforts pour ne pas être haletante. Il eut peur soudain.

– C'est toi, Cyndie ?… Cyndie ?

Rien d'autre que le souffle. Celui d'une bête. Proie ou prédateur ? Il eut très peur.

– Joue pas à ça, murmura-t-il dans le combiné, Ryan reste mon pote et…

Il ne put continuer, car on raccrocha.

Il resta longtemps allongé dans le noir, le téléphone à la main, chancelant entre la terreur et la volupté comme un homme ivre entre deux lignes de voitures lancées à pleine vitesse.

***

Un soir, Ryan découvrit que le calendrier accroché dans les chiottes avait été raturé avec une violence extrême. Le stylo avait creusé le papier, l'avait déchiré à certains endroits. Tous les noms de tous les jours de toutes les semaines avaient été biffés. Partout, en lettres majuscules, maladroites et déformées par la colère, il n'y avait que des lundis.

Ryan n'en parla pas, pas plus que Cyndie. La jeune fille parlait de moins en moins, d'ailleurs. Pendant l'amour, elle détournait la tête aux baisers de Ryan. Le regard de Ryan s'obscurcit.

La bascule eut lieu un beau matin.

Ryan fut réveillé par le hululement d'une alarme de voiture dans le quartier. Il imagina que l'on s'était attaqué à sa bagnole dans le parking de l'immeuble et se dressa à demi, cherchant une arme. Ouvrant les yeux, il se souvint qu'il n'avait pas d'artillerie. Il resta allongé dans la pénombre et tendit soudain l'oreille. L'alarme de la voiture avait disparu. L'avait-il rêvée aussi ? Il songea confusément que c'était à lui que quelque chose s'était attaqué pendant la nuit. L'alarme, il l'avait déclenchée dans sa propre tête, pour éviter le cauchemar avant qu'il ne commence. Il contempla Cyndie endormie à ses côtés, ses cheveux de paille en bataille autour de son minois boudeur. Sa respiration était hachée et lourde depuis qu'elle ne suivait plus son traitement médicamenteux. Il l'observa longuement, son visage de marbre blanc, la veine bleutée qui palpitait à la tempe. Et soudain il fut gagné par une panique diffuse.

– Peut-être il lui manque une alarme à elle, se murmura-t-il à lui-même.

À l'autre bout de leur chambre, le petit lit-cage. Vide. Il se souvint que Cyndie avait insisté pour qu'il soit là, au pied de leur propre lit, avec ses jouets et ses mobiles. « En attendant qu'elle arrive » disait-elle avec un doux sourire sur son visage d'albâtre. Et elle berçait lentement le lit-cage et chantonnait pour personne. Ce souvenir le mit mal à l'aise et il retourna au spectacle de sa compagne : elle était plongée dans un profond sommeil minéral, comme pour retarder le moment de la vie consciente.

Il se leva d'un coup. Il eut envie d'une clope et alla jusqu'à la cuisine, s'en roula une et l'alluma. La première bouffée de tabac lui donna la nausée. Il alla à la fenêtre et inspira douloureusement. Il alla boire un peu d'eau froide au robinet, tira une dernière taffe sur sa clope et frotta la braise sur le rebord de la fenêtre, frissonna, ferma la vitre, et s'assit à la table de la cuisine. Il avait froid, mal à la tête, mais il savait maintenant d'où lui venait cette angoisse. Il prit un stylo et écrivit au dos d'une note de courses avec son écriture d'enfant : 700. 700, c'étaient les sept cents euros alloués à Cyndie par l'Aide aux adultes handicapés. Ils avaient été calculés par l'équipe pluridisciplinaire d'évaluation. Mais sitôt qu'elle fut jugée apte à travailler, l'aide lui fut retirée. Il barra les 700. Comme elle ne trouvait pas d'emploi, elle aurait pu bénéficier du complément de ressources aux adultes handicapés, mais il fallait ne pas travailler pendant un an et avoir son propre logement. Comment une malade mentale pouvait-elle payer son loyer pendant un an sans être salariée? C'était l'un des mystères de l'aide sociale. Il nota 545 en dessous des 700 qu'il venait de barrer. C'était son salaire de tiers-temps dans l'usine d'emballage de poulets congelés. Il ajouta les 555 euros de RSA qu'il conservait en raison de son petit salaire. C'était l'ensemble des revenus du couple. Mille cent euros.

Il en déduisit les cinq cents euros de loyer que demandait Kristopher. Il tira un trait dessous, sortit son téléphone portable, pianota un instant sur la calculatrice et contint un rire aigre. Il retira trente euros d'électricité et autant pour l'eau. Il ouvrit le tiroir et fouilla pour retrouver les notes du supermarché. Depuis qu'ils n'achetaient que dans le hard discount des produits alimentaires venus d'Allemagne ou de Hongrie, ils se nourrissaient pour soixante-quinze euros par mois, mais la bouffe était dégueulasse. Il avait envie de fruits, de pêches et de melons, mais les pêches étaient à quatre euros quatre-vingt-quinze centimes. Et les melons, vendus au poids dans leur magasin de discount, étaient des betteraves dures comme du bois. Il se souvint de l'étiquette rouge fluo sur la charcuterie en promotion, à un ou deux jours d'être périmée. « *Produit à vie courte.* » Et lui, à ce rythme, combien de temps allait-il pouvoir encore durer? Et Cyndie? Cyndie en *fin de droits* bouffant de la *vie courte*… Même plus droit à une vie longue. Il revint à ses comptes. Restaient quatre cent soixante-cinq euros. Il retira aussi l'abonnement Internet à trente euros et celui de leurs deux téléphones à vingt euros. Restaient trois cent quatre-vingt-quinze euros. Pour le remboursement de sa bagnole, il continuait d'éponger un crédit pour cent soixante euros par mois, et il retrancha cette somme de la longue liste qu'il crut avoir achevée. C'était une Mégane RS 2006 bleu arctique avec châssis sport. Ryan avait effectué une reprogrammation à 270 CV sur les roues avant, histoire de patiner sur les trois premiers rapports au moins et laisser de la gomme sur la route. Mais il avait fallu changer le filtre à air, puis mettre à peu près sept cents euros dans l'opération, ensuite installer une ligne d'échappement complète inox pour le bruit, ajouter un catalyseur et un échangeur pour une petite note supplémentaire de deux mille cinq cents euros. Enfin, histoire d'achever la métamorphose de la bête, il avait fallu installer des plaquettes plus « racing », des jantes Be Bop anthracite habillées de pneus Bridgestone Potenza. Ces petites opérations successives avaient fini par coûter cher, et il s'était trouvé avec un crédit à la consommation qui le suivait encore pour des années. Restaient deux cent trente-cinq euros pour le mois. Il fallait aussi soustraire l'assurance à soixante-six euros et les cent cinquante euros de remboursement mensuel pour son home cinéma, un crédit revolving qu'il traînait maintenant comme un boulet à la patte. Son regard erra un instant sur l'ampli-tuner Blu-ray, les cinq enceintes satellites et le caisson de basse entassés dans un coin de la cuisine. L'écran plasma était resté dans la chambre, mais le lit-cage de Wendy occupait tout l'espace devant. Ainsi chaque nuit, le jeune couple se déshabillait devant cette surface noire et froide qui devenait le spectateur immobile et abyssal de leurs étreintes. Il arriva une nuit que dans la pénombre, Cyndie vit le reflet déformé de leur enlacement à travers les barreaux du petit lit d'enfant vide. Elle ne put se détacher du spectacle de ces deux insectes à la carapace molle et blanchâtre, emprisonnés, qui se débattaient à la surface de cet œil vitreux, et quand vint la syncope amoureuse, elle se détacha violemment de Ryan pour frapper l'écran. Depuis, il ne marchait plus.

Ryan revint à sa note griffonnée, scruta longuement le résultat, fronça les sourcils, renouvela l'opération, mais tomba à nouveau sur le même nombre. Il eut un sourire incrédule, secoua la tête et se passa la main sur son crâne rasé.

Dix-neuf euros.

Il lui restait dix-neuf euros par mois.
Moins que l'argent de poche donné par sa mère quand il était à l'école primaire…

Ryan se campa au fond de sa chaise de cuisine et passa à nouveau la main sur son crâne rasé comme si ce geste avait le pouvoir magique de balayer les soucis. Il maugréa entre ses dents et fit jouer les os de sa nuque, se leva, balança le stylo en travers de la table et alla à la fenêtre. Il ralluma le mégot soigneusement posé sur le bord de la fenêtre et tira dessus en plissant les yeux.

Il regarda à nouveau la note qu'il venait de griffonner, voulut la brûler dans le lavabo pour ne pas inquiéter Cyndie et fit claquer son briquet tempête.

– C'est pas la peine.

Il sursauta. Derrière lui, Cyndie était adossée au chambranle de la porte de la cuisine, nue, éclairée par la lumière chirurgicale du néon. Son regard était fixe, ses lèvres bleues.

– C'est pas la peine. On va pas s'en tirer et ils vont nous placer Wendy dans une famille dès que je vais sortir de la maternité. Si jamais un jour j'y entre.

Ryan ne savait pas quoi dire. Ses yeux se mouillèrent.

– Tu vas voir, on va s'en sortir. On ira voir des grands spécialistes. Ils te répareront le ventre. On pourra faire notre bébé et tu garderas Wendy, je te le promets.

Cyndie haussa les épaules et montra le poste à soudure, entre les enceintes du home cinéma et le Frigidaire. Ryan l'avait miraculeusement sauvé de l'hypothèque.

– Et lui, qu'est-ce qu'il va devenir ?

Ryan enlaça sa compagne.

– Bientôt, tu pourras reprendre la soudure.

Elle se dégagea de son étreinte. Il insista.

– Je te le promets, bébé mon cœur. En attendant de trouver le remède, tu pourras souder autant que tu voudras, le jour et la nuit.

– Et où c'est que j'irais ? Dans les caves de l'appart ? entre les scooters désossés et les matelas à tapins ? explosa-t-elle en retenant ses larmes.

– J'ai un plan pour des hangars à la semaine, répondit-il. Avec une verrière super grande. C'est à Stallone, le père à Rambo Patrac. Il en a déjà loué un à Kristopher. Cinq cents euros nets tout compris. Et c'est là que tu pourras souder.

– Et où tu trouveras les sous, Ryan ? On n'a pas de quoi se payer une bouteille de gaz, débita-t-elle d'une voix monocorde.

– Mais si, mais si…

Il voulut la prendre à nouveau par la taille mais elle le repoussa violemment et se mit à secouer la cuisinière.

– Qu'est-ce que tu fous, putain, Cyndie ?

La ferraille grinça quand les pieds rabotèrent le carrelage. Elle empoigna le tuyau du gaz de ville et tira de toutes ses forces pour l'arracher du mur et le porter à ses lèvres.

Dans la lutte pour maîtriser Cyndie, la maintenir au sol pendant qu'elle était secouée par l'épilepsie et éviter qu'elle n'avale sa langue, Ryan vit l'heure briller à l'horloge du four micro-ondes. Étrangement, elle resta gravée dans sa mémoire. Six heures six.

C'est donc à cette heure précise, penché sur le corps convulsé de sa femme, que Ryan décida de basculer dans ce que les puissances médiatico-policières appellent « la délinquance ».

DEUXIÈME PARTIE

Recherche d'emploi

Rejette l'industrie et son profit,
les voleurs et les bandits disparaîtront.

Lao Tseu

Ryan comptait sur les avis et les suggestions de son ancien camarade de classe, Fouad Moussa, qui avait une réputation de sérieux dans le petit monde interlope des combines et des carambouilles à la limite de la légalité. Fouad Moussa était un excentrique : il ne portait ni la barbe ni le crâne rasé des convertis, ni les survêtements de foot marqués aux couleurs de Fly Emirates. Son front n'était pas bosselé par l'hématome des dévots qui se meurtrissaient contre le sol des mosquées, et il n'arborait pas non plus les tee-shirts nationalistes ornés du drapeau du Maroc ou de l'Algérie. À vrai dire, il se foutait de la sainte trinité banlieusarde : Dieu, Bled, Rap. Et très logiquement, il avait bazardé tout ce qui allait avec pour lui préférer un genre vestimentaire assez unique, entre l'uniforme d'un groom service d'un établissement de bains désaffecté de la RDA et le costume d'un agent de l'Urssaf au jour de ses noces, le tout dans des teintes choisies par un couturier daltonien embauché chez Benetton. Aucune alliance de couleurs ne lui faisait peur, et chacun des dépôts de fripes de la région l'accueillait comme le sauveur. C'était lui, et lui seul, qui permettait d'écouler les stocks d'invendus des années 70, des sous-pulls jaune moutarde aux pantalons de velours vert bouteille à grosses côtes, en passant par les costumes bordeaux à coudières bleu ciel et les vestes en daim marronnasse à revers bouillasse.

Ryan aborda donc un jour Fouad Moussa dans la brasserie des Fleurs du malt non loin de la gare. Il lui offrit une clope en se marrant doucement :

– Putain, Fouad Moussa, qu'est-ce que tu fais habillé comme ça, avec un costume et tout ? T'es représentant de commerce pour les caravanes Trigano ou quoi ?

L'autre fit un pas en arrière pour provoquer l'admiration. Il claqua de ses mains sur le revers de sa veste en lustrine et se cambra comme un torero au début d'un tercio.

– Je suis dans les affaires, moi, monsieur. Il faut la classe pour aller avec.

– Eh ben justement, à propos d'affaires, t'as pas un plan, genre pour dealer une savonnette de shit dans un coin bien tranquille, ou un truc comme ça ?

L'autre éclata de rire :

– Si tu veux te faire de la maille, franchement mon pote, tu sais ce qu'il te faut ?

Fouad marqua une pause, tira sur les manches de sa veste et rectifia le port de son menton :

– Il te faut la délinquance scientifique et technologique.

Il se drapa dans une attitude mystérieuse, jetant un coup d'œil de-ci de-là et, sur le ton de la confidence, il murmura :

– Moi, j'en ai fini avec les petites magouilles artisanales, shit, beuh et bataclan. Aujourd'hui, je fais dans la déneutralisation d'armes achetées sur Internet.

Ryan déglutit. Depuis la mort de Mike, les armes lui foutaient la frousse. Les explosions des pétards au 14 Juillet le terrifiaient et le regard de malade de Fouad Moussa n'était pas pour le rassurer. L'autre sentit la gêne et voulut le mettre à l'aise :

– Ah, attention, frère, sur le Coran, je fais pas dans le vulgaire trafic de pétoires au coin d'un bois, moi. Ça va cinq minutes, d'aller chez les Moldaves à la cueillette des kalash pour finir enchtibé vingt ans à produire des betteraves dans un kolkhoze ! Scientifique, que je te dis ! Scientifique !.. C'est qu'il a étudié, tonton Moussa !... Il a eu son CAP tourneur-fraiseur haut la main... Donc depuis : adieu l'épicerie cannabique et bonjour Manufrance ! La haute couture pour stand de tir que je vous usine, moi, monsieur !

Ryan n'en revenait pas : il avait devant lui une baltringue notoirement connue des services sociaux, classée débile léger par les aides à l'enfance, et aujourd'hui convertie au trafic d'armes...

– Mais où tu les trouves, les flingots ?

Fouad Moussa haussa les épaules avec dédain. Il tira sur sa clope et souffla la fumée en clignant de l'œil :

– J'ai mon réseau à l'Est. Les Makarov 9 mm, les Ruskofs les vendent à trois cents balles sur Internet. Après, y a qu'à changer le percuteur et hop, emballé c'est pesé !

Une large banane barra sa face d'allumé lorsqu'il claqua dans ses mains :

– Et je bricole aussi dans le PM, tu sais. Oh ! c'est rien de prétentieux, le pistolet-mitrailleur... C'est comme qui dirait, ma petite collection de timbres à moi... Ma marotte. Mon violent d'Ingres... Pour passer l'après-midi du dimanche... Le pistolet-mitrailleur pousse en Europe de l'Est comme les artichauts en Bretagne. Ces messieurs de la maison poulaga sont infoutus d'entraver qu'un tube rayé est non chambré, il est en vente libre, alors j'en récupère un tube du même calibre, et zigzag ! papa dans maman et c'est pas plus compliqué que ça !

Le jeune trafiquant d'armes éclata de rire et fit un pas de côté pour mieux toiser Ryan :

– Mais dis-moi, au fait... Pourquoi que tu me fais causer sur mes petits chevaux ? Ça te branche, un pushka ? Qu'est-ce qui ferait envie à mon petit monsieur ? Je peux te vendre un

Browning tu sais, mon copain, qui te balance du 22… Mignonne pétoire, idéale pour les tenues décontractées, jogging, survêt… Et avec crosse en bois, s'il te plaît. Alliance osée du sportswear et du bois brun à quadrillage écossais… Avec ça dans le slip, comment tu te la péterais grave, genre gentleman-farmer du périurbain !

Ryan se sentait un peu mal.

– Écoute mon pote, je veux pas t'emmerder… Mais, euh, c'est plutôt un plan bonnard que je veux… Sans arme ni rien, tu vois ? Le sang, ça me dégoûte.

Fouad Moussa jaugea Ryan. Il parut dépité, mais l'amitié d'enfance fut plus forte que tout.

– Allez, va… je vais t'arranger un plan… Tu connais maître Cube ?

– *Mètre Cube ?*

– En vérité il s'appelle Carré. Bernard Carré. Il est avocat à la cour. Mais vu qu'il bouffe comme huit, tout le monde l'appelle maître Cube. C'est une espèce de gros mec adipeux, avec une petite moustache en balai à chiottes. Maître Cube, il est tous les jours au Derby Bar, à boire des coups. C'est pour ainsi dire parloir avocat pour tout le monde.

– Gratos ?

– Plus ou moins. Comme qui dirait, il prend sa petite commission.

Ryan était perplexe, et Fouad le sentit.

– Sérieux, frère, vas-y. C'est un homme sage et de bon conseil. Il pourra t'aider pour ta réinsertion.

Ryan leva un sourcil dubitatif. L'autre jugea bon d'expliquer.

– C'est comme ça qu'il appelle la délinquance.

***

Maître Cube était un alcoolique affable et bonasse. Dans le rade de la placette où il s'échouait comme une baleine à bosse dans un port de plaisance, il pérorait devant une cour de Tziganes indifférents à son naufrage qui supportaient ses transports parce qu'il payait d'abondantes tournées à la cantonade.

Lorsque Ryan l'aborda, maître Cube le toisa avec une moue de dégoût. Il s'attarda sur son jogging et sa casquette et souffla dans sa moustache :

– Je n'ai pas l'honneur de vous connaître, jeune homme.

Et il se détourna, offrant le dos de son costume anthracite rond et luisant comme le cuir d'un vieux morse. Ryan ne se démonta pas.

– C'est rapport à ma réinsertion.

Maître Carré volta avec une rapidité stupéfiante, offrant son meilleur sourire au jeune homme.

– Que ne l'aviez-vous dit plus tôt !

Il lui passa une main potelée autour des épaules, le conduisit au fond du rade, et l'invita à s'asseoir sur la banquette de Skaï bordeaux qui longeait un grand miroir piqueté.

Une heure plus tard, Ryan ressortait du Derby Bar, passablement bourré, un ragoût de toro de corrida dans le cornet, et un nom en tête : « Le Délice de Meknès », un obscur kebab dans la rue des Lombards où les associés cherchaient un cul blanc comme lui pour monter un bizness à la frontière. Ryan ne supportait pas qu'on puisse verser le sang ? Qu'à cela ne tienne : maître Cube lui avait dégoté un emploi où à défaut de tuer les hommes, on les empoisonnait. Mais il l'avait mis en garde :

– Méfiez-vous, jeune homme, les tenanciers de cet estaminet maghrébin sont les cousins Ben Barka ; et ils sont aussi durs en affaire que leurs frites sont molles.

***

À la radio, Oum Kalsoum chantait un amour frais comme la rose et doux comme le miel. Dans un papier d'aluminium froissé, un tas de frites, blanches et molles comme des vers de compost avarié, achevait de refroidir. Ryan les fixa avec dégoût. Les trois cousins le scrutèrent avec hostilité.

– Qu'est-ce que t'as ? T'as pas faim ?

C'était le plus dodu des trois cousins qui lui demandait cela avec une pointe d'agressivité.

– Elles sont pas bonnes, mes frites ?

– Faut m'excuser, répondit Ryan, je sors de table d'avec maître Cube.

Les trois cousins écarquillèrent les yeux avec stupeur.

– Ah, pardon, reprit le petit gros, on pouvait pas savoir.

– En tout cas, respect, murmura le second cousin, un barbu long et maigre comme un jour sans kebab.

– Et c'était quoi ? s'enquit à mi-voix avec compassion le troisième cousin, un type au fin visage d'intellectuel.

– En entrée, des tripes de foulque au four sur canapé. Après, civet de foulque au vin rouge accompagné d'un gratin de patates, murmura Ryan en baissant les yeux vers le lino. Il ajouta du bout des lèvres :

– La bête a été cuisinée par la mère Lopez et il a fallu en reprendre trois fois.

Les trois cousins Ben Barka opinèrent gravement en silence. Ils étaient aussi passés par l'assurance-conseil de maître Cube, et ils savaient ce qu'il en coûtait. Pour obtenir de la part de maître Cube des renseignements sur un réseau de tapins kosovares qui venaient de s'installer en ville, le grand barbu avait fini aux urgences après une orgie de moules de Bouzigues en brasucado.

Le petit gros se racla la gorge, but une gorgée à sa canette de Coca et exposa le plan A : il s'agissait d'aller chercher de l'autre côté de la frontière des fagots de qat, d'en charger le coffre de la bagnole et de revenir dans la journée même. Les cousins Ben Barka lui donnaient six mille euros pour acheter la grosse cinquantaine de kilos de came bien fraîche. Elle l'attendait, tout juste coupée, triée et liée en gerbes dans des serres où poussaient théoriquement des plants de poivrons et des tomates hors sol. Sitôt la livraison effectuée, Ryan toucherait directement, le soir même, trois mille euros en espèces.

Mais il se voyait mal, lui, avec cinquante kilos de pousses d'épinards yéménites dans le coffre, à distribuer ensuite à des Maliens déchards vendeurs de portefeuilles à la sauvette. Cela brisait une certaine image du *bad boy*, et Ryan tombait de haut.

Les trois cousins Ben Barka s'attendaient à de telles hésitations. À dire vrai, ils ne croyaient même pas que Ryan allait accepter une proposition aussi minable. Aussi firent-ils mine de tiquer, d'hésiter, de palabrer dans leur sabir à mi-voix. Ce fut alors au tour du second cousin, le grand à la barbe noire, de rentrer dans la danse. Il tapa dans les dernières frites molles et froides au milieu de la table, les mâchonna solennellement, les avala au grand effroi de Ryan et exposa le plan B.

Il était ici question d'une affaire un peu plus croustillante. Plus lucrative aussi, mais plus risquée. Le trafic de qat pouvait le conduire à un an ferme, six mois puisqu'il était primaire, sans doute trois en arguant de la naïveté, tôt absorbés par la préventive. En revanche, sur cette affaire-là, Grand Barbu préféra mettre en garde Ryan : il ne fallait pas avoir froid aux yeux. Mais Ryan avait surtout chaud au cœur, et la souffrance de sa jeune femme suffisait pour le rendre résolu.

– Vas-y, accouche, c'est quoi, ton plan ?

L'autre lissa sa barbe sur sa longue djellaba satinée et leva les bras à hauteur des épaules.

– Boaf... C'est un kilo d'herbe. Mais le mec qui la fait pousser, ma parole, frère, c'est un genre d'esthète de la beuh... Genre qui murmure à l'oreille des weeds et leur caresse la tige pour les aider à grandir... Et même, il leur met des spots, à ses salades, pour stimuler la photosynthèse, du jaune, du rouge, du bleu... Et de la musique en fond sonore aussi, pour attendrir la fibre, du Cat Stevens et du Santana...

Ryan ricana :

– C'est plus une serre, mon pote, c'est une boîte disco pour vieux babas.

– Peut-être, renchérit l'autre, mais son herbe, frère, que Dieu me retire une côte si je mens, sur le Prophète, sallallahou alaghi oua sallam, elle fleurit les pâturages du paradis...

– Et il met de l'antilimace, précisa le petit gros.

Ryan regarda avec dégoût le tas de frites molles. Il eut la vision fugitive du petit gros dans les vertes pâtures du paradis, ramassant des limaces et les passant ensuite à la friteuse. Il bannit la berlure peu ragoûtante en se frottant vigoureusement le crâne, puis il prit la parole en connaisseur.

– Alors c'est de la skunk, ta beuh. Sa THC, elle doit tourner... mmh... aux environs de vingt pour cent.

Les trois cousins se regardèrent en coin. Ils étaient soufflés par la compétence du cul blanc. Et sous l'œil stupéfait de ses cousins, Petit Gros confessa, l'air penaud :

– Ben ouais, c'est vraiment de la très bonne... En fait, pour tout t'avouer, elle monte à trente pour cent.

Les deux autres cousins se regardèrent désolés. Décidément le plus gros était aussi le plus con. Il était en train de griller l'affaire. Le dodu s'enferra :

– Eh, frère, qu'est-ce que tu crois? Le snack des cousins Ben Barka, c'est le Fauchon du chichon!...

Grand Barbu foudroya encore du regard Petit Gros. Cet épais couillon était en train de faire monter les enchères à l'avantage de Ryan. Ce dernier en profita d'ailleurs :

– Écoutez les mecs, je veux bien faire le chauffeur-livreur, mais va falloir raquer. Parce que j'aime autant vous dire que c'est de la beuh à particule, votre machin. Et c'est autrement plus balèze que de livrer une pizza en centre-ville.

– Ah ben ça, on est bien d'acc…

Petit Gros n'eut pas le temps de conclure. D'un coup de pied dans le tibia, Grand Barbu lui fit fermer sa boîte à camembert, et pendant que le malheureux se massait la jambe sous la table les yeux pleins de larmes, son cousin essaya de rattraper le désastre.

– Oooh, la skunk, la skunk, on en fait tout un fromage, nuança-t-il, mais au fond, qu'est-ce que c'est ? Ça t'explose d'un seul coup d'un seul en plein dans les éponges, aussi fort qu'une roquette du Hezbollah dans un quartier chrétien… Et on dit que c'est la meilleure herbe sur le marché ? La meilleure parce qu'elle explose tout ? Naaan… Faut quand même pas exagérer ! Moi qui te cause, par exemple, question pétard, je suis plus dans le moelleux, l'évocation charmante… Le narguilé des *Mille et Une Nuits*… Les nuées d'Orient qui font rêver… Personnellement, je préfère une petite tasse de thé à la menthe avec un petit joint de haze, ou alors de la jack, vois-tu ? Quelque chose de plus doux, sans âpreté, et surtout, avec une meilleure longueur de bouche… Comment je te dirais ?… Un peu comme un bonbon des Vosges.

Il contempla Ryan d'un air béat, avec le sourire niais d'un moine de Tibhirine qu'on emmène promener dans la montagne.

Le troisième cousin en rajouta une couche. C'était l'intellectuel de la bande. Il racontait aux filles qu'il avait étudié la théologie à Dubaï pour devenir muezzin. En attendant, il savait comment les faire monter au minaret. Il glissa ses lunettes le long de son long pif et parla d'une voix douce de prélat.

– Vous savez, cher ami, la majeure partie des consommateurs aujourd'hui sont des éclairés du narguilé. On ne la leur fait plus avec des produits aussi dépourvus de nuances, sans gamme gustative. Les gens aujourd'hui veulent du raffiné, de la dentelle, en amour comme dans la came. De la même manière que le brutal n'a plus aucun succès au lit, la skunk ne se fume plus dans la meilleure société… Aujourd'hui, on ne fume plus de la drogue qui défonce et qui déchire… je vais vous dire, le consommateur moderne pratique le massage par inhalation…

– Hélas…

– C'est bien du malheur…

Les trois cousins donnaient l'impression de vieilles brodeuses comparant la qualité des napperons. Ryan se demanda où il était tombé.

– Ben alors pourquoi vous voulez que je vous en livre, si c'est tellement de la merde ? s'impatienta-t-il.

Il bouillait. Décidément, les dealers le fatiguaient. Entre Fouad Moussa et ses vapeurs d'épicier sur le retour, et les cousins Ben Barka qui traitaient la skunk comme un buveur de mercurey premier cru tire la grimace sur un bordeaux premier prix, les marchands de flingues rafistolés et de tabac qui fait rire commençaient à le saouler. D'agacement, il écrasa une frite molle dans le cendrier comme si c'était un mégard. Petit Gros contint un cri en assistant au sacrifice. Ryan fit un bref calcul.

– Six mille euros à la revente. Ça veut dire que le prix d'achat, vous avez dû le négocier à trois mille euros maximum. Comme ça vous ferez la culbute.

Les trois gougnafiers roulèrent des châsses gros comme des billes de loto et s'esclaffèrent lourdement.

– Oh oh oh, six mille euros ! Quelle rigolade !... Et pourquoi pas notre établissement gastronomique par-dessus le marché ?! rajouta Petit Gros.

– Et la barbe du prophète en sus ! s'exclama le muezzine de Tataouine.

Mais Ryan gardait son idée fixe :

– Alors qu'on s'entende bien les gars : sur les six mille balles de bénef, moi je veux toucher la moitié. Normal, vu que je prends les risques.

Il y eut un silence de nécropole égyptienne dans lequel on n'entendit que les sanglots d'Oum Kalsoum qui pleurait son amour impossible. Puis les trois cousins se mirent à hurler au vol et à l'assassinat. Que Ryan n'avait aucune moralité. Qu'il voulait peut-être aussi leurs femmes tant qu'il y était. Et leurs sœurs, avec. Et leurs cousines pour compléter. Les larmes leur venaient, à eux, qui traitaient Ryan comme un frère, sur le Coran, le sang de leur sang, l'autre fils sorti du sein d'Abraham. Mais Ryan, pendant que les trois Ben Barka s'épuisaient en imprécations et jérémiades, lui, calculait. Quelque chose l'embarrassait dans cette proposition. Il reprit mentalement les comptes et comprit enfin l'origine de son malaise.

Avec son seul kilo de beuh, il gagnait autant qu'avec les vingt kilos de qat. Dans les deux cas, une même journée de boulot, un même gain. Un même gain ? Qu'allait-il engager avec trois mille euros ?... Cyndie allait pouvoir éteindre l'ordinateur, se remettre au travail, souder, peindre... Ryan calcula rapidement. Le vieux père Stallone Patrac, le propriétaire de la remise, demandait trois mois d'avance en caution. Restaient mille cinq cents euros. La bouteille d'oxygène à remplacer sur le Weldteam coûtait environ cinquante euros, et il pouvait négocier celle d'acétylène à cent quarante euros sur Internet. Restaient mille trois cent dix euros. Le traitement contre la stérilité dont avait parlé la gynécologue n'était plus remboursé par la Sécurité sociale et Ryan devait le payer de sa poche en achetant les médicaments en Suisse via Internet. La prise devait s'étager sur seize semaines, à raison de deux cent dix euros de médocs par mois, payables d'avance. Il calcula rapidement. Huit cent quarante. Retirés aux mille trois cent dix, il restait quatre cent soixante-dix euros. Le sang quitta son visage, une boule se noua dans son œsophage. Il ne pourrait même pas offrir à Cyndie le premier mois de travail dans l'ancienne remise.

Le troisième et dernier des Ben Barka, l'intermittent du minaret, jouait la comédie comme les deux autres, mais avec moins de conviction. Non qu'il fût mauvais acteur – il avait à son pedigree de nombreuses gardes à vue – mais il surveillait Ryan du coin de l'œil. Des trois zigues, c'était le plus rusé. Il avait d'ailleurs lui-même inventé les deux propositions préalables pour qu'elles parvinssent toutes les deux au modique profit de trois mille euros. Mais si le troisième des cousins avait demandé aux deux précédents de présenter ces deux marchés fictifs, ce n'était pas pour que Ryan les choisisse, mais pour qu'il les refuse et bénéficie ainsi du sentiment de choisir, librement, la troisième offre. Le muezzine de Tataouine prit la parole en hésitant :

– Y a bien un autre plan... mais là c'est du lourd... De la coke... Un kilo à aller chercher de l'autre côté de la frontière.

La coke. Voilà qui faisait vraiment délinquant, et qui rapportait gros. Ryan sentit monter l'excitation. Il trempa ses lèvres dans son Coca et plissa des paupières à travers la fumée de sa cigarette. Le prélat d'Orient continua :

– C'est notre oncle, Mourad, de Madrid. Un homme charmant, mais qui s'est fait tatouer une toile d'araignée sur la face, ce qui lui a fait perdre de la mobilité et de l'anonymat depuis qu'il est sorti de prison. Or notre oncle est un homme d'entreprise, qui prend des initiatives, ne supporte pas de vivre de l'assistance publique et aimerait bien travailler, former la jeunesse à des métiers où il y a de l'innovation et de l'avenir.

– Y a tout un savoir-faire du métier qui se perdrait avec lui, ajouta Grand Barbu. Et il est à un âge où il faut transmettre.

– Savoir, savoir-faire, et faire savoir, précisa Petit Gros qui était abonné à la novlangue des stages diplômants de Pôle emploi.

– Mais, continua le muezzin, les commissariats ont tous sa trombine collée sur les murs, entre la machine à caoua et les numéros de la ligne SOS info alcool.

– Résultat : Il peut pas bouger, soupira Grand Barbu.

Le muezzin fit bref :

– Alors donc, le plan : tu passes la frontière espagnole, tu lui rends visite chez lui en loucedoc, tu lui files l'oseille qu'est dans un paquet, et lui, sans souci, il t'aboule la came.

– Combien que je gagne sur ce coup ?

Muezzin regarda Grand Barbu qui opina brièvement, et regarda Petit Gros qui acquiesça à son tour.

– T'auras tes dix boules. Parole d'homme.

Dix mille euros.

Ryan sourit. Dix mille euros. Il imagina acheter un terrain de foot, un stade immense, pour Cyndie, afin qu'elle le couvre de ses oiseaux de fer. Ou mieux, un terrain d'aviation. Pour faire atterrir et décoller mille oiseaux de fer aux mille couleurs. Voilà ce qu'il allait se payer avec ses dix mille euros.

Mais pendant qu'il sortait de la rue des Lombards, la clope au bec et les mains dans les poches, se réjouissant d'avance de son joli pactole, des pensées vinrent assombrir sa joie innocente. D'abord, il s'en voulut de n'avoir pas réfléchi assez : une came à l'achat, qualité écaille de poisson, était coupée et recoupée par les dealers à tel point qu'il n'en restait plus que dix pour cent dans le produit que les bourgeois s'enfilaient dans le pif. Le reste, c'était du vermifuge de vétérinaire, de l'antalgique cancérigène retiré de la vente depuis trente ans, de l'anesthésique volé à des dentistes et du lait en poudre. De dix mille boules, la tractation, il aurait dû la négocier, au large, à trente mille. Et puis il y avait autre chose, qui lui donnait l'impression d'être sale à l'intérieur. Une retenue toute morale. De vivre avec Cyndie, de l'avoir vue chaque jour gober ses pilules du bonheur, d'observer combien la chimie vous ravageait la caboche, cela rendait bien malheureux Ryan… Jamais il n'aurait imaginé descendre aussi bas qu'un psychiatre et se mettre à vivre en distribuant de la Javel à cervelle.

Aussi, la morale lui dictait-elle de décliner immédiatement l'offre, mais par honnêteté, il devait rendre compte de sa décision à son conseiller d'orientation et d'insertion dans la délinquance, maître Cube.

***

Transsubstantiation Lopez, la patronne du Derby Bar, était une sexagénaire râblée et mauricaude qui se teintait le devant des cheveux en blond platine et badigeonnait sa queue-de-cheval à l'arrière d'un coloris noir qu'elle empruntait certainement aux agents communaux en charge de l'entretien de l'asphalte. Toujours habillée d'un sous-pull léopard rehaussé d'un cardigan en fourrure de panthère noire, elle fumait des brunes aussi trapues et odoriférantes qu'elle.

Elle servit les deux hommes, la clope au bec, déboucha une deuxième boutanche de gris des sables de Montcalm et les abandonna à leur conciliabule. Ryan vida approximativement son verre de rosé en essayant de ne pas trop en répandre sur son survêtement et il hasarda d'une voix pâteuse :

– Maître, à vous parler franchement, je commencerais bien une formation diplômante dans les métiers de la délinquance, mais la violence me dégoûte trop pour que je me lance dans la carrière du braquage, et j'ai trop de moralité pour empoisonner les gens avec de la came. Alors qu'est-ce que je vais devenir ?…

L'autre soupira en adressant une prière muette au ciel.

– Vous connaissez le café des Deux Bourses ? Celui en face des arènes ?

Ryan éclata de rire :

– C'est rien qu'un repaire de vieilles peaux, des cougars, des rombières en peau de panthère y viennent boire du chardonnay. On dirait des lionnes autour d'un point d'eau : elles attendent la gazelle fraîche pour lui sauter sur le râble et y faire sa fête !

Maître Cube avait un sourire de bedeau égaré dans une école maternelle sans surveillance.

– Eh bien justement.

– Justement, quoi ? demanda Ryan en blêmissant.

Mais il avait déjà compris.

– Si vous voulez, suggéra maître Cube, je vous avance l'auber pour vous saper en prince de la brousse. Faudra quitter ces nippes de sportif, ça fait terriblement bouseux de la cité. Et vous laisser pousser un peu ces douilles. Ah ! et puis virer les gourmettes et la chevalière. Avec un costume trois pièces, ça vous donnerait l'allure d'un micheton à pédales. À moins que vous ne soyez amateur d'œil de bronze, si vous me permettez l'expression…

– Moi ?! mais jamais de la vie ! suffoqua Ryan.

L'avocat secoua les mains à hauteur du visage.

– Oh mais c'est que je n'ai rien contre la jaquette flottante, vous savez ! Beaucoup de nos très vieux sénateurs se font allégrement persiller la viande et j'ai trop de respect pour nos institutions républicaines pour en faire la critique.

– Mais… mais je veux pas devenir un tapin ?!

– Tut ! tut ! tut ! mon jeune ami ! Pas de mots inconvenants dans la maison d'une femme de bien. Chacun tapine plus ou moins en ce bas monde.

Il posa une main réconfortante sur celle de Ryan :

– Allez, vous êtes jeune, vous avez de l'allant, de la forme, et elles, elles demandent à ce qu'on leur tire la ride et elles ont de l'argent ! En économie libérale, on dira que l'offre répond à la demande ! Passez donc à l'heure du thé aux Deux Bourses et demandez madame Burnier, Solange Burnier. C'est une bonne amie, je la mettrai au courant de votre visite. Mais surtout, jeune homme, soyez discret. Elle en croque…

***

La grosse horloge à balancier de cuivre du café des Deux Bourses sonna le glas de cinq heures : des bourgeoises tassées et flapissantes allaient venir en masse boire des infusions et des eaux chaudes. Une femme puis une autre entrèrent, puis une autre encore. Elles se saluèrent avec la lenteur et la grâce des icebergs se croisant au moment de la fonte de la banquise.

Ryan entra peu de temps après. Il fut toisé de haut en bas par le maître d'hôtel, un échalas sinistre aux allures de Nosferatu. L'employé n'était pas dupe de l'arrivage de toute cette fraîcheur virile dans ce monde suranné et blet. Des jeunes gandins, dont la mise était un compromis pitoyable entre la pornostar un soir de réception des Hots d'or et le premier communiant, venaient régulièrement ici pour jouer dans un ballet trouble et malsain le rôle du prédateur et de la proie. Le maître d'hôtel leva les yeux en soupirant et disparut derrière le bar.

Ryan contempla la salle et les créatures qui la peuplaient. Il prit alors conscience qu'il était déshabillé du regard par des paires d'yeux froids et mobiles. Des visages ravinés par des rides et colmatés par des crèmes et des fonds de teint l'observaient avec un appétit carnassier. Sous les tables, des jambes, que les premières varices bleuissaient, se croisaient et se décroisaient dans un crissement de Nylon électrique. Des mèches peroxydées, permanentées et réimplantées étaient rabattues derrière les oreilles alourdies de joncailles par des mains longues et osseuses. Le bronzage artificiel et intensif de ces dernières ne parvenait pas à effacer les marguerites de cimetière qui les constellaient. Pour un peu, Ryan crut entendre le feulement douloureux de ces tigresses torturées par le désir d'étreintes à vil prix. L'une d'elles claqua dans ses doigts aux ongles vernissés de carmin. Il en était sûr, c'était madame Burnier, l'amie de maître Cube. À la manière d'un automate, terrorisé et sans comprendre la cause de son mouvement, Ryan s'avança, le cœur battant la chamade. Il était maintenant là, debout devant elle, les bras ballants, une ou deux brouettées de chaux vive entre la langue et le palais. Son visage à elle était à hauteur de ses hanches, et elle coula un regard gourmand et expert sur sa braguette.

– Assieds-toi là, mon petit, intima-t-elle d'une voix coassante.

Elle avait tapoté d'une main surchargée de chaînes d'or un fauteuil à ses côtés. Ryan s'exécuta, raide comme un piquet, regardant droit devant lui. Nosferatu apparut dans un tournoiement de queue-de-pie.

– Madame Burnier prendra ?

– Mettez-moi un scotch, James, feula-t-elle.

Ryan fut subjugué par la vision horrible de la bourgeoise nue et ligotée dans du papier collant par un Nosferatu tourbillonnant autour d'elle, sautillant, et également à poil. Il se passa une main sur son crâne rasé pour chasser l'apparition et déglutit douloureusement. La femme Burnier le questionna en ronronnant :

– Tu es bagarreur, n'est-ce pas ? Les hommes qui se rasent le crâne sont tous des cogneurs, je le sais.

Elle posa une serre grise aux veines saillantes sur son bras. Il contint un sursaut de dégoût. Elle palpa les muscles qu'elle sentait sous l'étoffe.

– Tu as lu Marx, mon petit ?

– Euh non madame…

Elle lui serra le gras du bras jusqu'à lui faire mal, tandis qu'un sourire de requin s'élargissait sur sa face gourmande.

– Il faudra que tu le lises avant nos petits… « jeux ».

Elle fouilla dans son sac Vuitton et en exhiba un manga qu'elle glissa sur la table jusqu'à Ryan :

– Les Japonais, qui sont des gens avisés, en ont fait une version en dessins, pour des gens comme toi.

Ryan regarda la couverture de la bande dessinée. Une espèce de Georges Moustaki y apparaissait, les yeux vaguement bridés, entouré d'une nuée de petits Jaunes sous un grand drapeau rouge.

Le regard de Solange Burnier se mouilla, se brouilla et elle ronronna :

– Tu devras lire Marx pour que tu mesures combien je suis ton ennemie de classe… Pour que tu me haïsses vraiment, et que tu me punisses… La grande lutte des classes, mon chéri, commence toujours par un rut de grande classe…

***

La garçonnière était un appartement somptueux dans un immeuble haussmannien qui donnait sur le boulevard Victor-Hugo. Seule concession au siècle, un paddock à putain, rond et rotatif avec des draps de satin rose, trônait sous un large miroir au plafond.

– C'est là que le président Burnier reçoit les journalistes pour des interviews d'un genre très intime, commenta sèchement Solange Burnier en abandonnant son loden sur un fauteuil qui avait dû supporter le cul de Richelieu.

Elle alla se servir un whisky et en donna un d'autorité à Ryan. Le verre était lourd et biseauté, l'alcool un miel et un feu. Elle s'immobilisa soudain, et de sa main soupesa les couilles du jeune homme à travers l'étoffe du pantalon.

– Je passe à la salle de bains et, quant à toi, équipe-toi.

Et elle montra une bouteille de gel d'un litre et un paquet de capotes dans une corbeille rose.

Laissé seul, Ryan prit ses jambes à son cou sans demander son reste.

***

Ryan maugréait tout seul au comptoir du Derby Bar en feuilletant le manga de Karl Marx. Le prolétariat parisien au front des barricades de la Commune de 1871 brandissait d'étranges katanas de samouraïs en guise de baïonnettes ; Louise Michel déambulait au bras de son Théophile avec des allures de geisha, et au temps des cerises s'était substitué celui des cerisiers en fleurs. Ryan, chafouin, siffla recta le fond de son pastaga et balança le bouquin loin de lui. Le manga glissa sur le zinc avec la vélocité d'un bobsleigh autrichien sur la piste d'Innsbruck et finit au beau milieu des cartes d'une réussite. Un grand silence se fit dans la thurne. Le cartomancien croisa le regard de Ryan. C'était un grand échalas au teint rubescent, aux yeux bleus délavés et aux moustagaches en guidon de bicyclette – tout du Britannique recuit par le soleil et les alcools méditerranéens.

– 'Scusez-moi, bafouilla Ryan, confus. Je vais vous repayer un apéro si vous voulez.

Mais l'escogriffe ne portait déjà plus attention à ses cartes en bataille. Il biglait sur la couverture du livre d'images en mâchant sa moustache. Ryan était embarrassé et il s'excusa presque :

– Boaf... J'y comprends pas grand-chose...

Le grand dépendeur d'andouilles eut un sourire en coin et il s'approcha.

– Je peux vous être utile, savez-vous?

Il demanda à la mère Lopez qu'on leur servît une nouvelle rasade de pastaga, puis entreprit de battre ses cartes.

– Accepteriez-vous, jeune homme, que je vous donne quelques rudiments de marxisme?

Et, sans attendre l'accord de Ryan, il fit danser les figures cornées au glacis abîmé rapidement dans ses mains, puis il en tira cinq qu'il posa devant lui, face cachée. Il les disposa ensuite avec ordre, une devant lui, une devant Ryan, et entre eux, au milieu de la table, les trois dernières. Les brèmes claquaient sur le zinc avec un son sec; les gestes étaient sûrs : l'homme connaissait son affaire.

– Vous travaillez dans quoi, jeune homme?

– Dans la soudure.

– Non?!

Le type ouvrit des châsses incrédules.

– Alors nous allons pouvoir nous entendre.

De la pointe de l'ongle, le long moustachu tapota la carte face cachée, posée juste devant Ryan.

– Retournez-la.
Le jeune homme s'exécuta.
– C'est l'as de carreau.
– Êtes-vous prêt à imaginer avec moi que cette carte devant vous, c'est un atelier de soudure tout neuf qui vient de s'ouvrir, avec tout ce qu'il faut de postes à souder, MIG et TIG, chalumeaux oxyacétyléniques pour fignoler les brasures, établi en briques réfractaires et tronçonneuse à métaux ?...
Ryan n'en revint pas :
– Vous en connaissez un rayon, dites donc.
Mais l'autre ne prêta pas attention à la remarque, et il continua :
– Et cerise sur le gâteau : une étuve de séchage sur six étagères, et avec ventilation, s'il vous plaît. Alors, jeune homme, prêt à imaginer que cette modeste carte représente un atelier aussi bien équipé ?
– Ben... si vous voulez.
– Parfait... Alors imaginez que ce soit votre premier jour dans cet atelier... Vos collègues ne connaissent pas votre vraie valeur. Et pour leur montrer de quoi vous êtes capable, vous avez entrepris de vous occuper d'une pauvre carcasse de Mercedes, et vous allez la transformer en une véritable machine de collection. Qu'en dites-vous ?
– Ça me va, répondit Ryan qui commençait à se prendre au jeu.
– Alors sortez-moi un peu de petite monnaie.
Le grand bonhomme lui prit sept euros en pièces.
– Maintenant, regardez bien, jeune homme... D'heure en heure, au fur et à mesure que vous travaillez sur votre engin, vous en accroissez la valeur... À neuf heures du matin, votre machine valait un euro. À dix heures vous redressez les garde-boue au chalumeau ; à onze heures, vous remettez à neuf tout le fond de caisse avec des brasures sur inox ; à midi,

vous soudez des arceaux de sécurité pour en faire une rallye…

Et l'homme égrenait les heures qui passaient dans la journée. Et à chaque heure révolue, il posait des pièces de monnaie sur l'as de carreau. Les ronds s'entassaient sur la carte devant Ryan dans un joli désordre. Il les montra.

– Fin de la journée : votre Merco vaut sept fois plus ! Félicitations, jeune homme, vous avez de l'or au bout des doigts… Je m'appelle Jean Jacques, capitaine de marine marchande.

Et Jean serra la paluche de Ryan. La leçon de marxisme paraissait à Ryan singulièrement bidon… Mais enfin, il entreprit de rassembler la ferraille éparse pour la remettre à sa poche. À ce moment-là, Jean posa sa main sur son poignet et serra vigoureusement.

– Pas si vite, jeune homme. Savez-vous à qui appartient cet atelier ?

Et sans attendre la réponse, de sa main libre, Jean retourna la carte qui était de son côté de table et la lui montra.

– Au roi de pique ? découvrit Ryan.

– Autrement dit, au Grand Capital. Ce matin, vous avez travaillé dans un garage du roi de pique, dans le garage qui appartient à ce monsieur.

Et, d'un ample mouvement de main, Jean fit glisser l'as de carreau au côté du roi de pique et rafla la mitraille au nez et à la barbe du jeune mec. Il l'agença en une petite pile tout en continuant son explication avec l'aisance baratineuse d'un prestidigitateur :

– Puisque c'est son garage, il se rembourse sur les frais de location, les outils et les machines et tout ce que vous avez utilisé.

Et de la pile de pièces, le capitaine au long cours escamota un euro.

Devant l'aspect dépité de Ryan, il commenta :

– Allons… Un euro. Ce n'est pas la mer à boire. Cela rembourse à peine l'huile et l'électricité. Et puisqu'il est le patron, il est normal qu'il vous paye votre journée. Un euro. Tenez.

Et il lui balança une piécette par-dessus les trois cartes faces cachées au milieu de la table.

– C'est pas cher payé la journée, gronda Ryan.

Il regardait l'euro posé devant lui comme si c'était une chose morte.

– Votre paye vous déçoit ?

– Ben quand même, je lui ai rapporté sept fois plus… Et si je me rebellais ?

La main du capitaine flotta un instant au-dessus des trois cartes qui séparaient la table en deux mondes puis retourna l'une d'entre elles.

– Valet de pique, précisa le grand olibrius. Entre vous et le roi de pique.

Il retira soigneusement un euro de la pile et le glissa dans sa poche.

– Il est engagé par le roi de pique pour mater les mécontents. Des gens comme vous… Et notez bien l'épée qu'il porte au côté, ne vous avisez pas de vous énerver trop car notre homme est armé : c'est un gendarme.

– Je croyais que les flics, c'était pour attraper les voleurs…

– Allons allons, jeune homme, un peu de maturité… Les flics passent leur temps à corriger les volés qui ne veulent plus être volés, et à protéger les voleurs qui les volent.

Le valet de pique glissa sur la table et vint au côté du roi de pique.

Le capitaine sourit comme le chat de Chester planqué dans l'arbre au-dessus d'Alice, et il montra les deux cartes restantes, tournées face aveugle, qui attendaient sagement d'être dévoilées.

– Une idée, peut-être ?

– Je sais pas, moi... Mettre des gens au pouvoir qui vont régler tout ça.

Jean goba une olive et roula des yeux l'air extasié :

– Bien sûr... Je crois que nous avons ça en rayon, cher petit monsieur...

Et il bascula la deuxième des trois dernières cartes.

– La dame de cœur, constata Ryan.

– La révolution politique, chuchota l'autre en se penchant par-dessus la table. Admirez la rose rouge qu'elle arbore... Hélas, mon pauvre ami. La politique n'est rien d'autre que la petite danseuse du commerce.

Jean retira un euro de la pile qui finit dans sa poche. Et la dame glissa sur la table et vint au côté du roi de pique. Puis il retourna la troisième et dernière carte. L'as de trèfle. Jean glissa la carte pour qu'elle s'en aille rejoindre l'équipe autour du roi de pique.

– C'est quoi? demanda Ryan. Encore un atelier de soudure?

– Pensez donc ! Notre capitaliste diversifie ses investissements... Maintenant, il place ses profits dans l'immobilier et dans l'agroalimentaire.

Et Jean escamota encore une pièce. Il ne lui restait que deux euros dans la pile.

– Et qu'est-ce qu'il va en faire, de ses derniers sous, maintenant, le patron ?

Le capitaine se tut un instant, détaillant Ryan d'un air incrédule, comme s'il ne s'attendait pas à une question aussi naïve, puis il lança d'une voix guillerette.

– La moitié en champagne, la moitié en putes !

Et les deux derniers euros finirent dans ses poches.

Ryan était amer. Il contemplait les cartes rassemblées en une muraille compacte autour du roi de pique et, de son côté, son pauvre petit liard.

– Ah j'oubliais ! s'exclama le capitaine, pour tenir jusqu'à demain, il vous faut penser à faire des commissions et trouver un appart.

De l'ongle de l'index, le capitaine tapota l'as de trèfle.

– Ça va vous coûter votre revenu, cette histoire.

Ryan étouffa un juron en posant sa dernière pièce sur la carte. Cela lui rappelait singulièrement sa situation. Le capitaine fit glisser l'euro solitaire dans sa poche. Maintenant, il n'y avait plus un sou sur la table. Alors le capitaine avisa un gros cendrier jaune Cinzano qui traînait sur le comptoir. Il y eut un bruit de ferraille et le bonimenteur escamota les piécettes sous le cendar :

– La banque ! fit-il en le montrant.

Ryan retint un rire dégoûté. Le grand type fit tinter son verre contre celui du jeune homme. Ce dernier contemplait d'un air mauvais le cendrier. Il murmura entre ses lèvres.

– Je vois plus qu'une solution…

– Laquelle ?

– Faire sauter la banque… Taper au coffre-fort du bourgeois.

Jean Jacques émit un rire feutré puis se leva en ramassant son paquet de cartes :

– Comme vous avez été un élève patient et exceptionnel, je vous offre l'anisette.

Avant même que Ryan pût protester, Jean s'était éclipsé. Le jeune homme resta un peu assis, contemplant le cendrier. Le moulin à rata du capitaine l'avait bercé, et il s'ajoutait au délicieux engourdissement du pastis dans ses veines. Ce fut la patronne qui le ramena à la réalité.

– Petit ! Faut payer.

Ryan émergea de sa rêverie avec peine.

– Comment ? mais le bonhomme qu'était avec moi, il a pas offert la tournée ?

– Il est venu me dire que c'est toi qui la payais. Après il est sorti.

« L'enfoiré ! » pensa Ryan, et il pesta contre sa naïveté. Il souleva alors le gros cendrier de plastique jaune, y chercha sa monnaie… En vain. Pas un kopeck… Fouillant dans ses poches, il réalisa, mais un peu tard, qu'il n'avait plus de monnaie et que le capitaine venait de se barrer avec les sept derniers euros qui lui restaient…

***

Le gros avocat montra d'un coup de menton les noyaux d'olives, les verres vides éparpillés sur le zinc :

– Oh oh, je vois que l'on commence à tenir salon.

Le gros attrapa un tabouret innocent et, sans même être conscient de sa cruauté, l'étouffa sous ses fesses.

– Je vois à votre mise élégante de beau ténébreux que vous avez dû rencontrer ma chère amie Solange Burnier, n'est-ce pas ?… Hop hop hop ! pas un mot, jeune impétueux ! galant passionné ! Ne me dites rien, je veux me délecter de votre histoire en même temps que nous passons à table.

Il héla la mère Lopez, se pourlécha les badigoinces et commanda.

– Alors, mon jeune ami… Et cette réinsertion dans le domaine de l'aide aux personnes à mobilité sexuelle restreinte ?

– La cata… Je suis pas fait pour ça non plus…

Le gros tapota des doigts sur la table en se grattant le menton :

– Il reste peut-être une orientation professionnelle à laquelle vous n'avez pas encore songé, mon cher.

– Laquelle ?

La mère Lopez les servit et, d'autor, déboucha un rouge trapu dont elle emplit les verres. Tout en humant son assiette, maître Cube susurra :

– Acceptez-vous que je vous raconte une belle histoire?

L'avocat était lancé et il commença l'histoire secrète de la crucifixion du Christ telle que se la racontent les Gitans assemblés autour du feu, tandis qu'ils rempaillent les chaises et déplument les poulets.

Histoire secrète de la crucifixion du Christ telle que se la racontent les Gitans assemblés autour du feu, tandis qu'ils rempaillent les chaises et déplument les poulets

Au jour où les Romains s'apprêtaient à crucifier le Christ, trois Gitans passaient par là à faire la mangave sur le Golgotha. Le premier, indigné par le spectacle d'une telle torture, s'exclama :

– Sur ta vie, Romain ! tu t'apprêtes à clouer la paume de la main d'un homme ! La paume d'un homme est son bien le plus précieux. Par elle, il caresse l'être aimé, porte la coupe à ses lèvres et soutient le fils et le père. N'as-tu donc pas de cœur ?

Mais le Romain en question n'eut cure des récriminations du Tzigane. Il était affairé à sortir de sa sacoche de charpentier trois belles pointes de fer. Sans daigner lever le regard sur cet étranger qui s'adressait à lui, il répondit en maugréant :

– Casse-toi.

Alors le second Gitan, l'âme soulevée par cet odieux supplice, reprit :

– Sur ta mère, Romain ! tu t'apprêtes à clouer les deux paumes de la main d'un homme ! Et comment pourra-t-il alors laver son déshonneur en poignardant le parjure ? N'as-tu donc pas d'esprit ?

Mais le second n'avait pas plus de cœur et d'esprit que le premier. Tout occupé à sortir un maillet de sa ceinture, il le soupesait dans sa main lourde, et sans prendre la peine de croiser le regard de son interlocuteur, il lui jeta :

– Casse-toi ou on appelle les flics.

Alors le troisième Gitan, l'esprit révulsé par ce spectacle, intervint à son tour. Il s'adressa au troisième des charpentiers qui s'affairait au pied de la croix posée à même le sol.

– Sur tes morts, Romain, tu t'apprêtes à clouer les pieds d'un homme ! Et comment pourra-t-il ensuite aller au gré des vents, franchir les frontières et dépasser les bornes ? Veux-tu donc en faire un sédentaire, souché à la terre ? Où donc est ta sagesse ?

Cependant le troisième Romain n'avait ni cœur ni esprit ni sagesse, mais il avait du grade. Accaparé qu'il était par la tâche de maintenir le Christ sur son bois de supplice, il grogna dans sa barbe :

– Casse-toi ou on appelle les flics. Mais avant, on brûle vos roulottes.

Alors les trois frères se jetèrent chacun sur un clou et ils mirent les adjas dans la pampa galiléenne, au nez et à la barbe de tous ces lourdauds de condés d'Hérodote et de la Bac de César. Et sans doute courent-ils toujours à l'heure où je raconte cette histoire.

Ryan resta silencieux quelques secondes. Il s'attendait à une suite, un dénouement, un rebondissement... Mais maître Cube était là, un sourire crispé illuminant sa face huileuse.

– Et... C'est tout ?

– Oui.

– Je veux pas vous vexer, maître, mais toutes vos fadaises, là, sur les Gitans qui chouravent les clous de la sainte Croix, je vous dis pas que c'est pas choucard, comme histoire, mais à quoi ça m'avance, moi, dans mon projet professionnel ?

Il y eut un silence embarrassé. Ce fut l'avocat qui le rompit.

– La morale de l'histoire du Christ aux trois Gitans, c'est qu'il peut y avoir de la moralité à... comment dire... à...

– Voler ?

– C'est vous qui l'avez dit, s'empressa de répondre l'avocat. Cette déclaration vaut pour tout enregistrement audio ou vidéo qui pourrait être obtenu de cette rencontre que je n'ai jamais sollicitée. Mais enfin... ma foi, bien sûr, si vous cherchiez à vous... à vous épanouir dans ce nouveau... métier, soyez certain, cher ami, que je suis prêt à demeurer votre... comment dire ?... votre conseiller d'orientation, pour vous conduire vers de nouvelles pistes, de nouveaux horizons, de nouveaux débouchés... Et je ne suis gourmand qu'à table... En affaires, à peine dix pour cent de commission me suffisent... Pas la peine de confondre pot-de-vin et pourboire... Mais commençons d'abord par vous orienter vers un bon maître de stage. Connaissez-vous Rambo Patrac ?

***

Le Manouche avait été en quelque sorte à l'origine de l'union de Ryan et de Cyndie et il se sentait une obligation devant ce jeune couple : il voulait favoriser leur réussite et veiller à leur bonheur. Aussi Rambo se rêvait-il en parrain de leur future enfant et il s'imaginait parfois comme la bonne fée penchée sur le berceau de la petite Wendy. Une chance d'ailleurs que cette dernière ne fût pas encore née, car alors, elle eût certainement été gratifiée des trois vœux chers au cœur de Rambo Patrac, à savoir un permis de conduire à points illimités, un mari à quatorze ans avec tout ce qu'il faut de gourmettes en or au poignet et de pilosité entre les épaules, et une puissance germinative ovarienne considérable.

C'est pourquoi, dès que Ryan se fendit auprès de son ami de sa volonté de se convertir à la cause du vol, Rambo l'accueillit à bras ouverts.

– Eh ben qu'est-ce que tu dirais, pour commencer, de voler des jantes ? Ce soir, après le manger ? C'est bien, les jantes. C'est facile, c'est pas lourd et ça se revend facile le lendemain sur Internet.

Ryan leva un sourcil suspicieux.

– Des jantes ? T'es pas un peu louf ? Rien que pour des classiques, il faut positionner un écrou de dix-neuf sur le gougeon, et ensuite, souder le milieu avec un MIG. C'est la seule solution pour desserrer. Tu nous vois, toi, à la nuit, avec un arc à souder, en plein milieu de la rue ?

Rambo le corrigea, sentencieux.

– Quand un bourgeois enferme sa femme, on lui prend sa fille.

– Et quand il a verrouillé les quatre jantes de sa bagnole ?

– Tu lui prends la cinquième roue du carrosse.

Ryan se risqua donc à une expédition nocturne avec Rambo Patrac. C'était au fond assez facile. Il suffisait de rouler le long des avenues, de repérer des voitures de beauf avec des jantes en aluminium. Là, on se garait le long du véhicule, on cassait la petite fenêtre en triangle, on passait le bras pour ouvrir la portière, on déverrouillait le coffre et on volait la roue de secours. En trente secondes, on gagnait trois cent cinquante euros en vendant le lendemain sur Internet. En trente secondes Ryan gagnait autant que son père en une semaine.

En revenant à l'appartement dans la nuit, le jeune homme alla au frigo se prendre une bière. Il songea à son père qui assénait sans cesse aux repas de famille que « toute peine mérite salaire ». Il s'assit, décapsula la canette et but une lampée au goulot, resta immobile, savourant la fraîcheur du breuvage. Il venait de gagner sa semaine, et il n'avait pas le dos endolori, pas les muscles éreintés, pas de colère rentrée contre un patron exploiteur. Il fouilla dans ses poches et en sortit une poignée de billets tout chiffonnés qu'il déposa doucement sur la table de la cuisine, avec les délicatesses d'un enfant ayant trouvé un nid d'oiseau.

C'était décidé, Ryan se ferait voleur.

TROISIÈME PARTIE

Formation initiale

En voyant quelquefois les friponneries des petits et les brigandages des hommes en place, on est tenté de regarder la société comme un bois rempli de voleurs, dont les plus dangereux sont les archers préposés pour arrêter les autres.

Chamfort, *Maximes et Pensées*

Le premier argent que Ryan gagna, il voulut le donner au vieux Stallone en guise de loyer pour le hangar qu'il destinait à Cyndie. C'était un beau matin ensoleillé et l'ancêtre prenait le bon soleil sur un banc à la placette, à déguster un café noir en fumant sa première cigarette.

– Oh Ryan mon fils, s'exclama-t-il en tapotant de l'index sur sa tempe, t'arrives trop tard ! J'ai déjà loué à un autre type. Mais parole ! le hotu fera pas chier ta baronne. C'est un bonhomme tout ce qu'il y a de correct. Tu le connais d'ailleurs. C'est l'armateur. Il t'a fait le bonneteau.

– Ah ouais, s'étonna Ryan, et qu'est-ce qu'il entrepose dans ton hangar, le capitaine au long cours ? Un bateau ?

– Oui, répondit l'autre sans sourciller. Une péniche.

***

Cyndie essuya d'un revers de manche la vitre embuée. Comme la nuit était tombée, elle avait du mal à distinguer les formes de l'autre côté de la verrière. Les vitres jointes par des baguettes de métal lui rappelaient la véranda de bric et de broc qu'avait construite son père, à l'arrière du pavillon. Elle se souvenait de lui, allongé dans sa chilienne défraîchie, les yeux mi-clos, la peau du cou déjà rêche et tendue comme du vieux cuir, son beau visage fatigué émergeant à peine du clair-obscur. Il dérivait là, sur une mer de whiskies, oscillant au gré des marées et des cuites. Soudain le visage de son père surgit de la noirceur et se plaqua contre la vitre. Elle sursauta, portant la main à son cœur, et contint un cri. Mais son père l'invita au silence en pressant un index sur ses lèvres, puis il acquiesça lentement dans la pénombre sans cesser de la contempler. Enfin il s'évanouit dans les ténèbres, et la jeune fille se retrouva seule à scruter son propre regard.

– Comme on se ressemble tous les deux, se murmura-t-elle, c'est comme si ma mère s'était retirée.

– Pourtant, c'est aussi pour aller dans la mer.

Elle sursauta. La voix venait de derrière elle. Elle se retourna. C'était un homme d'âge mûr, très grand et très osseux, voûté, qui s'aidait d'une canne pour avancer. Il scruta la pénombre de l'autre côté de la vitre.

– Je ne sais pas si vous arrivez à la voir, de là où vous êtes, mais elle est équipée pour affronter les flots.

Cyndie détailla le grand échalas au teint cireux. L'homme portait d'improbables shorts en coton blanc s'arrêtant au genou. Un sale lumbago paraissait le plier en deux, comme s'il avait été tordu par une main invisible à hauteur des reins. Il s'inclina douloureusement, en grimaçant, mais avec une certaine cérémonie :

– Jean Jacques.

Il jugea bon de préciser à mi-voix, avec le ton de celui qui a réussi à convertir un quiproquo en ironie :

– Pas comme Rousseau. Jean Jacques tout court.

– Toucourt? c'est marrant de s'appeler comme ça, remarqua Cyndie.

L'autre haussa un sourcil interrogateur et regarda mieux la jeune fille. Pantalon de survêt noir, baskets, tee-shirt moulant blanc à paillettes, couette haute ramassée sur le haut du crâne avec une pince croco bon marché, piercings éparpillés un peu partout sur une face chafouine. C'était peut-être une erreur d'engager la conversation en abordant de plein fouet un philosophe des Lumières. Il corrigea, un peu embarrassé.

– Non, je veux dire que Jean Jacques, ce n'est pas un prénom composé. Jean, c'est le prénom ; et Jacques, c'est le patronyme.

Cyndie attendait la suite dans une torpeur polie. Un ange passa, alourdi des cinq volumes des *Lagarde et Michard*. Jean Jacques, qui s'enfonçait, jugea pourtant utile d'insister.

– C'est pour cela que j'ai précisé que ce n'était pas Rousseau, mon nom de famille. Comme Jean-Jacques.

Silence encore. L'ange, suffoquant, était en train de charger le Larousse des noms propres. Cyndie commença soudain à s'animer.

– Ah ça c'est marrant ! Moi c'est Roux, que je m'appelle. Cyndie Roux. Pas Rousseau. Cyndie Roux. Tout court. Mais plus court encore. Comme vous, au final.

Un tic de nervosité releva l'une des pointes de la fine moustache de Jean Jacques pas Rousseau. La cérémonie des présentations risquait d'être longue… Il coupa court :

– Entrons.

D'une pression de la main, il entrouvrit la lourde porte. L'atelier était noyé dans la pénombre et la forme immense qui trônait en son milieu n'en était que plus inquiétante. Une masse noire, oblongue, compacte, semblait dormir dans l'obscurité. Cyndie redouta de la déranger et s'arrêta au seuil du hangar. L'homme s'avança jusqu'au commutateur électrique en s'aidant de sa canne à pommeau d'argent.

– Vous boitez ? demanda Cyndie.

Il contint un petit sourire désolé en tapant de la pointe de la canne juste devant lui.

– Je suis tombé de l'échafaudage. Le col du fémur. Un arrêt forcé…

Il abattit un levier, ce qui provoqua un claquement bref et l'atelier s'inonda de lumière. L'éclairage au néon se déversa du ciel et aplatit toutes les ombres, se multipliant sur les vitraux de la verrière, éblouissant Cyndie et lui dardant au front une aiguille de douleur. Lorsqu'elle rouvrit les yeux, elle découvrit d'abord les longues et fortes colonnes d'acier soutenant l'édifice, torsadées et ornées en leur sommet de feuilles d'acanthe. Plus haut, les poutrelles de fer à rivets de laiton charpentant l'ensemble à une hauteur vertigineuse lui parurent sorties d'un autre siècle. Enfin, au milieu de l'atelier, la forme sombre qu'elle distinguait à peine tout à l'heure se détachait clairement devant elle. C'était une masse pansue, ronde, féminine, haute et large comme les hanches d'une géante accroupie là, devant elle, et qui lui offrait son séant, tout d'acier brillant.

– Qu'est-ce que c'est ? murmura-t-elle en avançant craintive sa main vers la forme immense palpitant sous les néons qui achevaient de grésiller.

Jean Jacques s'avança auprès d'elle en claudiquant et resta quelques secondes à contempler le spectacle avant de lui répondre d'une voix douce.

– C'est le ventre d'un bateau.

– C'est de lui que vous êtes tombé ?

Il confirma, la voix étouffée par l'émotion.

– Et vous pourrez pas retourner dedans ?

Il ne répondit pas. Les néons s'étaient maintenant tous allumés. Le crépitement cédait la place à un ronronnement doux, baignant l'atelier dans une lumière laiteuse. La jeune fille fit un pas en direction du ventre. Le boiteux la laissa aller devant et commença à détailler d'une voix assurée qui résonnait dans la verrière :

– Les ignorants croient que c'est une péniche. Mais c'est une bélandre. Chaland automoteur en fer Freyssinet. Trente-cinq mètres. Coque en acier galvanisé.

Cyndie avait abandonné son sac à main, et elle s'avançait vers le monstre de métal à pas lents et mesurés.

– Je savais pas que les péniches pouvaient être si rondes, murmura-t-elle en continuant de s'approcher respectueusement des flancs du gros animal assoupi.

Jean Jacques expliqua :

– C'est un peu comme une péniche hollandaise qui aurait forcé sur la bière. Observez la courbure de ces épaulures ! Et les flancs, admirez-les ! Et les bordés, ils sont tellement gras qu'ils entrent dans la coque au niveau de la quille !

Cyndie était maintenant à hauteur de la proue de l'immense péniche. Elle était attirée magnétiquement par la coque d'acier noir, luisant et bombé. Elle posa doucement sa main sur la masse sombre, la caressa, voltigeant de-ci de-là, à la manière d'un oiseau. Les yeux dans le vague, Cyndie abandonnait ses doigts à la surface du métal, les laissant tâtonner, hésiter, et puis reprendre leur course un peu folle.

– Qu'est-ce que vous faites ? demanda l'homme.

Cyndie ne répondit pas. Peu à peu ses doigts prirent de l'assurance, se posèrent et se mirent à suivre les lignes dessinées, stries, nervures ou coulures de métal plus pâle et plus brillant. Le majeur suivait la veine des soudures entre les plaques, tandis que le pouce caressait la moindre aspérité.

– Je lis le métal.

Jean Jacques opina en silence. Un sourire lumineux éclaircit son visage. Il constata pour lui-même que Stallone ne s'était pas trompé en lui sous-louant un coin de l'atelier pour ce bout de gamine. Les Patrac avaient trouvé la perle rare.

– Qui vous a appris ça ?

– Mon mec, répondit Cyndie du tac au tac. Et lui, il l'a appris de son père. Et son père à lui, de son propre père. Il était ouvrier à Saint-Nazaire. Dans les chantiers navals.

– Rambo et Stallone m'ont expliqué qu'ils vous fournissaient le métal, mais ils n'ont pas su m'expliquer ce que vous travaillez.

– Je travaille pas. Je laisse faire.

– Bon… Et qu'est-ce que vous laissez faire ?

Cyndie recula du ventre de la bête. Sans quitter des yeux la coque de la péniche, elle répondit.

– Je déchire les carcasses de bagnole, je les froisse et je les défroisse, j'en fais des papillons d'acier griffus, et des oiseaux en colère qui déchirent le ciel. Mais là…

Elle marqua un temps d'arrêt. Il en profita pour l'interroger.

– Mais là : quoi ?

– Je sais pas… C'est tellement… doux…

Sans prévenir, elle fit volte-face et s'avança à quelques pas de Jean Jacques.

– Elle va prendre la mer ?

Il amorça un vague mouvement de la pointe de sa canne puis désigna les pièces :

– Il faut d'abord la finir. Doubler la tôle et la souder sur les membrures, les varangues, les carlingues. Après…

Elle le coupa, montra d'un revers de pouce le ventre mafflu qui attendait derrière elle :

– Avec votre patte folle, plus jamais vous pourrez remonter pour lui travailler les flancs. Moi, je peux vous aider pour ça.

Il l'observa en silence, son visage de porcelaine, ses lèvres fines, sa mèche de cheveux blonds échappée de son chignon. Il s'arrêta sur ses yeux gris, et son regard, froid, décidé, buté. Elle partit d'un grand rire qui s'égara dans les hauteurs de la verrière.

– Et j'en suis capable ! Je suis une femme forte ! Pas une carcasse de bagnole ne me résiste !

Il sourit avec elle. Mais le sourire de Cyndie était carnassier et joyeusement furieux tandis que le sien était attendri et presque timide :

– C'est que… Il faut de la douceur, Cendrillon, il faut de la douceur pour souder au ventre d'une péniche…

***

Un soir que Ryan était au volant de la voiture et qu'avec Rambo ils tournaient dans le mas de Mingue à la recherche d'enjoliveurs, le jeune homme mit au point mort sur un terre-plein herbeux et éteignit les feux. Il montra au loin une Ford Fiesta orange. Rambo l'estima au débotté.

– Ouais, boaf, c'est une ruine, mais bon, je sais pas… On peut revendre les ailes, peut-être…

– C'est la bagnole à ma sœur, commenta tristement Ryan.

À compter de ce jour, Ryan se mit à tourner autour des grandes villas isolées qui s'étaient bâties dans la garrigue, entre la Vaunage et les hauts de Nîmes, entre Langlade et Caveirac. Toute une bourgeoisie provinciale droitière et surargentée y avait fait bâtir des faux mas provençaux avec piscines et vue sur la vallée. Tous phares éteints au volant de sa Mégane, Ryan rôdait la nuit pour y contempler les breaks allemands, les Audi RS6, ces monstres de six cents chevaux qui, correctement désossés, se revendaient à prix d'or dans des garages peu regardants de Marseille. Ou alors il passait et repassait devant des Mini modèle sport, la nouvelle coqueluche des caïds des quartiers – trente mille euros inclus les intermédiaires.

Mais dès qu'il proposait à Rambo de passer à l'action, ce dernier se détournait de ces modèles prestigieux et préférait se rabattre sur des voitures de pauvres, des chars à mistoufle cahotants et rafistolés. De surcroît, son camarade restait fidèle à la vieille école artisanale tout en cassage et tour de force. Il démolissait la portière en enfonçant la serrure au tournevis, ruinait le tableau de bord et l'installation électrique en explosant le bloc volant au marteau et tournevis pour shunter les fils du Neiman. La méthode répugnait à Ryan : elle occasionnait trop de dégâts sur le véhicule et pas assez de discrétion pour le voisinage. Alors, amer et frustré, n'osant pas s'attaquer tout seul à ces voitures richissimes, nouveaux modèles bardés d'électronique qui faisaient comme des galions hors de portée de ses instincts pirates, Ryan retournait avec Rambo dans les quartiers populaires où ils se défoulaient sur de modestes bagnoles prolétariennes : Fiat Punto, Twingo… Et même, les soirs de grande disette, R5…

***

Cyndie était assise sur les genoux de Ryan et elle n'arrêtait pas de parler du capitaine et de sa bélandre. Un air de guitare andalouse égrené entre les caravanes était porté par la douce brise de mai.

– Trop c'est super, s'enthousiasmait Cyndie, le capitaine, ses baguettes à souder, il m'a laissé les essayer pour voir ce que je vaux, et trop je te raconte pas la taille… Du quatre millimètres pour les tôles de la coque ! Et je monte à deux cents ampères ! Faut me voir comment je taffe dans les éclairs. Pire que le bombardement de Bagdad, l'arc électrique !

Elle remonta la manche de son survêt et se tâta le biceps en glapissant de rigolade :

– Moi, je suis le genre de gonzesse dont on fait plus les mecs !

Elle s'amusa à prendre la cigarette des lèvres de Ryan pour lui voler une taffe et lui arracher quelques bécots. Mais le jeune homme était ailleurs, esquivant presque les baisers. Cyndie arrêta son petit manège.

– Quoi ? Qu'est-ce qu'il y a ?

Le jeune homme claqua de la langue d'agacement. Rambo, vaguement inquiet, lui resservit une rasade de 51.

– On y retourne ce soir, décréta le cul blanc d'une voix froide.

– À quoi donc ? demanda le Manouche.

– Aux enjoliveurs.

– Encore ? Ben pourquoi ?

Et le Gitan montra d'un coup de menton le campement de caravanes, sa jeune femme Shayanna qui apprenait à marcher à son fils handicapé Jojo, sa mère Josépha exerçant un empire incontesté sur ses tantes, ses nièces et ses belles-sœurs tout affairées à préparer une paella monstre, son père et ses oncles rassemblés autour d'une table de camping à taper une belote, ses neveux et ses beaux-frères penchés sur le moteur d'une Porsche qu'ils faisaient monter à cinq mille tours. Plus loin, sur un petit talus qui surplombait les adultes, une nuée d'enfants courait derrière une grande fille tirant un cerf-volant qui tournoyait dans les cieux. L'air frais portait leurs exclamations admiratives, les jappements joyeux d'un petit chien qui vagabondait parmi la marmaille, et l'appétissante odeur des gambas qui fricassaient dans l'huile d'olive aillée.

– On est pas bien, là ?

En frottant trois doigts, Ryan laissa entendre à son ami qu'il était question d'argent. L'autre se renfrogna, comme meurtri.

– Quoi ? tu trouves qu'on a trop donné à ma mère ?

Il faut préciser que, sitôt les enjoliveurs vendus par Internet, les deux mecs s'en étaient allés avec leur magot retrouver

Josépha. La liasse épaisse de billets craquants qu'ils avaient gagnés était passée entre les doigts experts de la grande bonne femme, puis, au terme de cette comptabilité sauvage, elle avait fait des petits paquets. L'un était destiné à aider une jeune fille-mère, l'autre à préparer un mariage, l'autre encore, à compenser une aide sociale jugée trop misérable pour un cousin grabataire, et une autre pour payer les frais d'avocat de Tiger, et une autre encore pour mettre de côté parce que l'oncle Nathanaël et ses quatre fils montaient une affaire et avaient besoin de lever des fonds, une autre encore pour donner au curé qu'il fasse des prières pour Mayron qui allait passer en jugement la semaine suivante, et ainsi de suite. À la fin, Rambo et Ryan durent se partager un pactole qui se réduisait à peine au quart de ce qu'ils avaient gagné. À mi-voix, Rambo lui avait expliqué que sa mère avait des *pouvoirs* et que cela lui avait donné le statut exceptionnel de reine dans la communauté. Le jeune Blanc, qui vivait déjà au quotidien avec une jeune fille ayant elle aussi des pouvoirs de voyance, d'extase et de transe, savait qu'il ne fallait pas badiner avec ces choses-là. Aussi avait-il souscrit facilement quoique avec un peu d'appréhension au communisme primitif de la tribu Patrac.

Cyndie s'exclama :

– Qu'est-ce qu'on s'en bat les couilles, du pognon ?! Moi, je m'éclate à la soudure de la péniche avec le capitaine.

Elle essaya de se faire chatte contre lui :

– On n'est pas bien là, ensemble, avec les Patrac au milieu des carcasses de bagnoles désossées ?

Il ne daigna même pas répondre. Cyndie le sentit plus anguleux, les gestes moins prévenants. Le jeune homme lui arracha la cigarette des lèvres et pompa dessus d'un long trait, les joues creuses et les ailes du nez amincies. Rambo suivit du regard le cerf-volant, puis il se reporta amoureusement sur les enfants qui piaillaient et sautillaient à moitié nus en haut de la colline.

– Et qu'est-ce que t'en ferais, de tout ton fric ? Tu t'achèterais des cris d'enfants qui rigolent ?

Rambo ne fut même pas conscient de sa balourdise involontaire. Mais Ryan se creusa du torse, comme si une main invisible lui broyait le cœur. Il grimaça et jeta la cigarette à demi consumée par terre. Il coula un regard à la dérobée à Cyndie. Celle-ci s'empourpra et murmura, le menton dans la poitrine :

– Je fais tout ce que je peux Ryan, tu le sais. Moi j'ai envie, mais c'est mon ventre qui veut pas.

Ryan se passa une main sur le visage, se pinçant l'arête du nez. De la paume, il écrasa des larmes naissantes.

– T'es vraiment content de ton sort, Rambo ?

L'autre ouvrit grand les yeux, blessé.

– Qu'est-ce que je pourrais avoir de plus ? J'ai tout pour être heureux.

Et comme pour conjurer le malaise grandissant, il tapa sur sa bonne grosse paillasse en riant d'aise. Il appela sa femme, embrassa son garçonnet et fit mine de le croquer dans le cou. Renversé sur les genoux de son père, l'enfant trisomique défaillait de rire. Puis il rendit Jojo à sa mère Shayanna. Ryan était resté immobile, les lèvres serrées. Cyndie voulut retirer les mains du jeune homme qui enserraient sa taille. Il résista. Elle prit un doigt et le tordit. Il poussa un cri et relâcha son étreinte. Elle se leva de ses genoux, épousseta son jogging Adidas, et s'en alla vers la sortie du campement. Il la héla.

– Eh, où tu vas, toi ? Où tu vas ?

Elle ne daigna pas répondre. Il hésita à se lever, jeta un coup d'œil par en dessous à la communauté des Manouches qui observait l'air de rien le petit manège du couple.

– … Fait chier, murmura-t-il dans sa barbe.

– Ça va mon copain ? s'inquiéta le gros Rambo.

Ryan faisait nettement la gueule.

– Quitte à être voleurs, tu crois pas qu'on ferait mieux d'être des vrais pros pour se payer tout ce qu'on a envie ?

– Mais j'ai envie de rien de plus, protesta faiblement l'autre.

– Alors c'est parce que t'as des petites envies. Moi je vais te les rendre grandes et terribles.

Et Ryan se pencha plus encore sur l'épaule du gros Gitan, enserrant sa nuque dans sa poigne forte, front contre front, exultant, éprouvant un sentiment qu'il ignorait mais qui l'enivrait. Il continua d'une voix grondante :

– Tu vas voir, mon pote, on va bouffer la chatte du monde. *On va bouffer la chatte du monde.*

***

Où donc était-elle ? Ryan quitta le campement à pied pour la rattraper, mais la départementale serpentant dans la poussière était déserte. Elle avait dû prendre le bus. Il revint sur ses pas et prit la Mégane, monta sur Nîmes, tourna sur la zone sud, au quartier des Vignolles, là où elle faisait les courses, puis remonta à l'ancienne maison de son père, dans le quartier des Marronniers. Bredouille, il se figura soudain qu'elle devait être à l'atelier, en train de souder. Un coup de Klaxon l'arracha à sa sombre méditation. Il était au feu vert et la file des voitures derrière lui s'impatientait. Il se rembrunit, enclencha la vitesse et remonta lentement la rue Semard vers les anciens ateliers SNCF, en direction de la route d'Avignon. Et plus il avançait vers les ateliers SNCF, plus il s'enfonçait dans les vieux quartiers de la ville aux façades grises et défraîchies. Le feu passa à l'orange puis au rouge. Au bout de l'avenue, il distinguait la forme massive des ateliers. Il ralentit et laissa mourir la voiture au point mort devant le feu. Le moteur de la Mégane ronronnait docilement. Il se dit qu'avec l'argent qu'il commençait à amasser il était temps de passer à une bagnole de meilleur standing.

Sur le feu de circulation, la petite flèche orange se mit à palpiter, indiquant la bifurcation qui allait le conduire jusqu'à l'atelier de Cyndie. On le klaxonna à nouveau. Il posa la main sur le levier de vitesse, hésita un instant. Puis il fit ronfler le moteur, mordit sur le bas-côté, effectua une queue de poisson, passa dans la voie médiane et disparut dans la circulation. Il redescendit le boulevard Sergent-Triaire en trombe. En reprenant sur la gauche sous les arches de la ligne de chemin de fer, il emprunterait la route de Beaucaire et allait pouvoir sortir de la ville. Alors il laisserait Cyndie derrière lui.

Il s'étourdit de vitesse sur les longues lignes droites entre Nîmes et Beaucaire, erra comme une âme en peine, le moteur au ralenti dans la ville, laissée à l'abandon. Les quartiers autrefois huppés et les demeures bourgeoises du siècle passé s'écroulaient en décombres malpropres squattés par des familles au bord de l'indigence. Les fils du réseau électrique rafistolé pendaient mollement en travers des ruelles, les fenêtres sans vitres laissaient passer des éclats de voix, d'obscures menaces ou des pleurs étouffés. Il acheta une barrette de shit en terrasse d'un kebab et se roula un pétard au bord du canal qui traversait la ville de part en part. Il tira dessus longuement, glaviota dans la flotte. Son reflet dans l'eau verdâtre lui fit l'effet d'un cadavre. Il se releva, tant bien que mal, les jambes coupées, la gorge sèche, et traîna jusqu'au bar de la marine. Il se cala en terrasse, rallumant périodiquement son stick qui s'éteignait tellement il était gras de shit. Les habitués le dévisageaient à travers les fenêtres ; il crut entendre qu'ils se moquaient de sa dégaine de racaille de la campagne. Il se siffla quelques bières en cherchant une ivresse qui ne vint pas. Il décrocha son téléphone, appela Cyndie, mais tomba sur le répondeur. Il renouvela l'opération, en vain. À la fin, n'y tenant plus, Ryan voulut demander de l'aide à son ami et il composa son numéro.

***

Cyndie avait abandonné Ryan à la casse des Patrac et était entrée dans le bus sans trop savoir où aller. Le front collé à la vitre, elle regardait défiler les rues. Sa respiration lui brûlait tout le haut de la poitrine. Elle étouffait là-dedans. Elle voulut sortir, demanda l'arrêt, cria, insulta le conducteur parce qu'il tardait à ouvrir les portes. Elle jaillit du véhicule, aspirant l'air à grandes goulées. La tête lui tourna, elle eut envie de vomir. Des spasmes la secouèrent, comme si son ventre vivait d'une vie propre et elle prit appui contre un pylône électrique. La douleur lui vrilla l'intérieur. Comme elle maudissait ce ventre vide ! Elle lui donna des coups de poing.

– Ça va pas, Cyndie ?

Elle ouvrit les yeux. Kristopher l'observait, l'air inquiet, les bras encombrés de cartons.

– Où on est là ? demanda-t-elle en se passant la main sur sa mèche trempée de sueur.

– Ben… Aux ateliers SNCF… T'es sûre que ça va ?

– Qu'est-ce que tu fous là ?

– Tu sais bien. J'en ai loué un, d'atelier, moi aussi, pour y mettre tout le bordel que je tchoure à mon singe.

Et il montra les paquets qu'il portait à bout de bras. La môme renifla bruyamment. Elle regarda ensuite Kristopher et tenta un sourire timide. Ses yeux s'embuèrent de larmes. Le garçon posa ses cartons à même le sol et jeta un coup d'œil alentour.

– Y a pas Ryan avec toi ?

Elle secoua la tête en continuant de renifler. Elle s'agrippait toujours au pylône. Kristopher sourit en le montrant du menton.

– Eh, tu peux le lâcher, hein, il va pas s'envoler.

Elle eut une espèce de petit rire silencieux qu'elle chercha à contenir, puis ce fut comme si des digues se rompaient, et elle se mit à rire de plus belle, tandis que les larmes lui coulaient en fontaine.

– Pardon, pardon ! bredouillait-elle entre deux hoquets de rire. Je sais pas ce qui m'arrive. Je dois avoir l'air con.

– Mais non, mais non, s'empressa de répondre Kristopher en fouillant dans ses poches.

Il en sortit un grand morceau de papier blanc pelucheux.

– Heu... C'est le papier qu'on s'essuie les mains avec à l'atelier...

Elle le prit de ses mains, toujours riant et pleurant.

– Joli chevalier, j'accepte vos roses blanches. Et même, tiens, regardez, je me les tresse en couronne pour la fête de printemps que ce sera moi la reine des elfes.

Elle tourna habilement le bout de papier sur lui-même et improvisa une sorte de coiffe qui lui tombait en voilette à la frange des cils. Elle riait toujours et ses yeux encore mouillés de larmes pétillaient tandis qu'ils se perdaient dans ceux de Kristopher. Soudain elle cessa de glousser, pencha la tête sur le côté.

– Kristopher, demanda-t-elle d'une petite voix étranglée. J'en ai marre d'être sèche du dedans comme une veuve. Je veux me saouler. Paie-moi à boire.

Lorsqu'ils entrèrent au Bistro des mécanos, juste en face des ateliers SNCF, Kristopher poussa la porte et s'effaça pour la laisser passer. Il huma l'odeur tiède et salée de ses pleurs et s'attarda sur sa nuque blanche où des mèches duveteuses avaient emprisonné des perles de sueur. Il chercha à saisir son reflet dans ces minuscules gouttelettes et se surprit à penser que cela ferait la plus merveilleuse des prisons.

***

Kristopher se réveilla en sursaut. Son téléphone vibrait. On était au milieu de l'après-midi. Il se dégagea tout doucement du lit pour aller le consulter sur le balcon. C'était un SMS de Ryan qui lui demandait s'il avait vu sa compagne. Il hésita un temps, s'alluma une clope et la fuma presque entièrement. Puis, arrivé au filtre, il répondit, hésita encore un instant avant d'envoyer le message. Il valida la réponse :

Elle soude avec moi aux ateliers SNCF. On bosse pour le capitaine.

Peu après, il reçut de Ryan un mot bref :

Merci. T'es un pote. Veille sur elle.

Kristopher eut un demi-sourire. Il contempla, à travers la mousseline de ses rideaux, le corps alangui de Cyndie, sa peau laiteuse, le tatouage levrette qui ornait le bas de ses reins.

– Compte sur moi, cousin, compte sur moi, murmura-t-il pour lui-même.

Il jeta le mégot par-dessus le balcon et le regarda chuter dans le vide.

Lorsqu'il se retourna, il découvrit Cyndie, assise au fond du lit, les genoux ramassés contre la poitrine, les deux mains sur la bouche.

– Mais où je suis, là?

Elle jetait des regards éperdus, les pupilles dilatées. Il lui montra la chambre, les bouteilles vides, les mégots et les fringues en tas.

– T'es chez moi.

La mâchoire de Cyndie se mit à trembler.

– Mais qu'est-ce que tu m'as fait? bredouilla-t-elle les yeux exorbités.

Kristopher ricana en corrigeant :

– Eh mollo princesse, « qu'est-ce qu'*on* a fait ». De toutes les façons, vu ton état…

Elle passa ses mains dans ses cheveux en bataille, horrifiée :

– Je me souviens plus de…

Elle regarda alors les draps froissés répandus autour d'elle comme si c'était la première fois. Elle hurla :

– Mais putain, t'avais pas le droit! J'étais bourrée!!!

Il voulut s'avancer pour la maîtriser, mais elle cria encore plus fort, brassant l'air devant elle à coups de pied. Il battit en retraite.

– J'vais tout raconter à Ryan! Quand il va tout savoir, il va te tuer!

Kristopher éclata de rire :

– Et raconter quoi? Qu'il aille faire un tour au bistro, ton Ryan, et qu'il leur demande, au patron et à tous les picolos!… Tu verras comment ils vont lui raconter les pelles bien gluantes que tu me roulais, chaudasse!… Ah c'est que tu me les as débarbouillées, les amygdales, à grands coups de menteuse, hein fumière!… Je peux te dire qu'ils se sont bien rincé l'œil, les camarades!… Et tes pelotages de partout, tes minauderies bien sagouines, et tes mots d'amour bien baveux!… Mais ma parole, si Ryan il apprend ça, la dégelée, c'est sur ta gueule qu'elle va tomber!

À la nuit, Cyndie s'en revint sans un bruit à l'appartement. Ryan était déjà couché. Elle se glissa dans les draps en prenant garde de ne pas le toucher, et elle lui tourna le dos. Le jeune homme ne bougeait pas, et il respirait à peine. Les deux corps nus qui mimaient le sommeil étaient figés dans l'attente. Puis, après un temps infini, alors que l'aurore rosissait les murs gris, ils se tournèrent ensemble l'un vers l'autre. Chacun découvrit alors que l'autre avait pleuré toute la nuit en secret. Alors, sans un mot, ils s'enlacèrent de leurs mains fortes et leurs peaux de jeunes adultes à peine sortis de l'enfance se soudèrent l'une à l'autre en une chaste étreinte.

***

Quelques jours plus tard, alors que Cyndie s'apprêtait à entrer dans les ateliers, elle fut hélée par une voix qu'elle redoutait d'entendre. Kristopher, en terrasse du Bistro des mécanos, agitait sa main et l'invitait à le rejoindre. Elle tourna les talons, le cœur battant. Il traversa le flux de véhicules en courant, la rattrapa et la saisit au poignet, la forçant à se retourner.

– Eh, demanda Kristopher, c'est quoi cette embrouille que vous voulez plus l'appartement, toi et Ryan? Et pourquoi que tu me donnes plus de nouvelles?

Elle le gifla à pleine volée :

– Ne me touche pas! Ne me touche plus jamais!

– Ah ouais? Et pourquoi? tu vas l'dire à Ryan? cracha-t-il d'une voix nasillarde.

Elle s'arracha de son emprise et se massa le poignet endolori :

– N'empêche que tant que Ryan est là, t'as pas intérêt à me tourner autour.

– Ça veut dire que si Ryan est plus là, toi et moi, on peut ?...

Il était resté volontairement évasif, mais ses yeux brillèrent d'une lueur mauvaise. Puis, sans crier gare, il voulut encore une fois la saisir au bras. Sa main se referma sur la manche de Cyndie. Elle put se dégager sur le côté, juste assez pour lui balancer un coup de tatane en plein entre les cuisses. Kristopher ouvrit grand des yeux incrédules, poussa un gémissement de ballon qui se dégonfle et tomba à genoux. De l'autre côté de la rue, les poivrots en terrasse du bistro acclamèrent le shoot puissant de Cyndie et levèrent leur mousse en l'honneur du petit bout de femme. Elle les regarda un instant, amorça un début de sourire, puis prit la poudre d'escampette.

Toujours plié au sol, bavant de honte, de colère et de souffrance, Kristopher enrageait de ne pas avoir profité de l'aubaine la dernière fois, même si Cyndie était tellement bourracha qu'elle en devenait aussi réactive au lit qu'une femme de pasteur un lundi de Pâques. Maintenant, c'était trop tard, Cyndie n'était plus saoule et elle n'allait certainement pas recommencer de se pichtegorner en sa présence. Kristopher se redressa petit à petit. Le souffle lui manquait, autant que la lucidité. Dans sa petite tête de piaf, il se persuada alors que si Cyndie ne voulait pas se donner à lui, ce n'était pas parce qu'il était bête et superficiel, mais parce que Ryan était entre elle et lui. Et tandis que la douleur refluait de ses couilles, il parvint à la conclusion que la disparition de son rival allait enfin lui ouvrir un bel avenir sentimental. Et par la même occasion, les cuisses de Cyndie.

***

Cyndie retourna travailler aux ateliers sous l'égide de Jean. Cela lui permit de cicatriser cette blessure intime. Pas une fois elle n'en parla à Ryan, mais à la manière dont il était prévenant avec elle, elle comprit qu'il avait senti son trouble. Aux ateliers, Jean passait son temps assis sur une petite chaise en fer, au pied de l'échafaudage. De là, il guidait la jeune fille qui grimpait le long de la panse ventrue de la péniche avec l'agilité d'un singe dans les gréements d'un voilier. De sa canne, l'impotent pointait les zones à souder et expliquait l'art et la manière. Parfois même il mimait la prise de l'arc à souder, prenant sa béquille à deux mains comme un flingue ou piquant l'air comme avec un fleuret. Lorsque Cyndie redescendait pour se désaltérer et passait devant lui, il en profitait pour envoyer un petit coup de trique sec sur les jambes de la jeune fille, ou bien ses hanches, ou ses coudes.

– Tiens-toi droite ! bon sang de bois, s'emportait-il parfois, comment peux-tu souder si tu n'es pas stable sur tes hanches !... Regarde-moi ça, ces jambes tendues ! Je t'ai déjà mise en garde mille fois !... Souple sur tes genoux, et jamais les coudes serrés le long du corps !... Un angle à soixante degrés entre l'électrode et la surface à souder ! Comment peux-tu y arriver avec des bras raides comme ceux d'un petit soldat de plomb ! De la souplesse, crénom, de la souplesse en toutes choses !

– Eh Jeannot, gouaillait-elle en réponse, faudrait voir à pas confondre la sidérurgie de chantier naval avec du yoga pour greluches ménopausées !

Mais l'autre n'en démordait pas.

– Quand tu soudes, on dirait que tu te bats contre le métal, que tu veux le percer, le trouer ! Tu n'es qu'un bloc de haine, Cyndie ! D'en bas où je suis, je t'entends jurer contre lui !

– Et alors, si c'est mon kif, la bagarre ? Après tout je fais chier personne là-haut, avec mes plaques de tôle et mes rivets. Et vaut mieux dézinguer de la ferraille que démonter la gueule d'un mec, pas vrai ?

– Tu dois caresser les surfaces, Cyndie, pas chercher à les trouer ! Et ton enrobage, quand il fond, il doit faire comme une robe de mariée joliment plissée à la surface du bain de soudure. Je te demande de déposer un voile sur la face d'une vierge, et tu me parles de démonter des gueules...

Jean ricana avec aigreur.

– Je comprends pourquoi tu passais ton temps à torturer les carcasses de bagnoles... Belle mentalité...

La jeune fille grommelait sous son casque. Mais parfois, lorsque l'exacerbation était à son comble, elle basculait la visière de métal sur l'arrière et, portant le fer à souder à son flanc comme une lance d'écuyer, elle avançait sur le vieillard à la manière d'un jeune page lancé dans une bataille. La sueur collait à ses tempes des mèches folles d'un blond cendré, sa respiration était courte, ses yeux dardaient des flammèches incandescentes. Alors elle ripostait qu'elle n'allait pas se laisser emmerder par un vieux con et que de tendre les jarrets un peu trop en arrière, ça n'était quand même pas comme foutre le feu à une église. Mais lui ne s'en laissait pas conter :

– Tu as raison, c'est pire encore.

Elle éclatait d'un rire méprisant, boudait, jetait les outils, partait en furie ; lui la sommait de retourner à l'ouvrage. Alors elle ripostait, cinglante :

– C'est toujours moins con que de lire les histoires d'un brindezingue qu'entendait chanter des sirènes et qui baisait des sorcières pendant que sa rombière se tartissait à tricoter des tapis !

– Ne parle pas comme ça d'Ulysse ! Et si ça me plaît de réciter Homère à voix haute dans un chantier naval, dans *mon* chantier naval, c'est mon affaire !

Car le vieil armateur, quand il était fatigué de superviser le travail de Cyndie, sortait une vieille édition défraîchie de l'*Odyssée,* se mettait à la déclamer sous les arches de cette cathédrale de verre et d'acier. Et c'est ainsi que, peu à peu, et à son corps défendant, Cyndie fut imprégnée du périple d'Ulysse, écoutant l'histoire tantôt avec le ravissement de la petite fille qu'on berce, tantôt avec l'agacement de la jeune femme qu'on endort.

– J'en parle comme je veux de votre malpropre bon qu'à se barrer à la riflette et qu'à cocufier la daronne pendant qu'elle se faisait chier à tenir la baraque !... Ah elle est belle, votre Grèce !...

– C'est de la littérature ! De la grande !

– De la grande ?! s'étouffa la gamine, de la grande, mon cul, tiens ! Bien dégueulbiffe, surtout qu'elle est ! Machiste et compagnie ! Votre Ulysse ? nullissime !... Et Calypso ? Circé ? toutes des galbeuses grognasses ! Empaffées magiciennes voleuses de maris !... Tiens, votre Homère, je vais vous le dire, Jeannot, rapport à sa mentalité, c'est pas de la littérature, c'est de l'obscénité ! Ça devrait être interdit dans les écoles, un gonze pareil !

Cyndie bouillait, tirait méchamment ses mèches rebelles pour les ramener dans sa couette, la gueule fermée, les lèvres serrées. Jean Jacques se prenait alors la tête à pleines mains, ou alors il contemplait les cieux à travers la verrière et marmonnait une prière muette à Zeus pour que son foudre s'abatte sur la greluche et la fasse exploser avec la bouteille de propane. Mais Zeus avait autre chose à négocier, sans doute une corruption de témoin dans le cadre de son divorce avec Héra. Alors Cyndie, sa couette rectifiée, repartait de plus belle, continuait ses récriminations de poissonnière en colère contre le père de la littérature occidentale. Et Jean, abandonné des dieux, éclatait :

– Mais qu'est-ce que tu y connais, toi, à l'amour et à la mort ?

Et elle, du tac au tac :

– Eh ben, moi, j'aime Ryan et c'est ça qui me tient en vie !

Et lui, presque en même temps, les yeux noyés de larmes, la voix brisée :

– Et moi j'ai aimé ! J'ai aimé mais elle est morte.

Alors ils restaient de longs instants chacun d'un côté de l'atelier, à broyer du noir et à vouer aux gémonies ce drôle de partenaire de chantier. Jeannot se demandait ce qu'il faisait avec cette caractérielle illettrée complètement désocialisée dont la culture classique se limitait à reconnaître dans Poquelin une marque de grues et de bulldozers. Cyndie s'interrogeait sur sa présence aux côtés d'un vieux schnock qui récitait des histoires d'un héros débile de dessins animés, Homère Simpson.

Ces deux-là s'empéguaient à longueur de journée. Mais c'était leur manière à eux de croître peu à peu en affection l'un pour l'autre. Quand venait la pause déjeuner, ils se rabibochaient l'un l'autre, avec maladresse et embarras, empotés dans leurs excuses bougonnées. Ils se partageaient ensuite un modeste bout de bricheton, une fougasse ou un morceau de fromage de chèvre dur comme l'obole mise à la bouche des morts pour payer Charon.

Lorsque la journée avait été longue, ou que Cyndie soudait avec aisance, se laissant guider par l'électrode qui semblait avoir sa vie propre, Jean chaussait ses lunettes cabossées à monture de métal et se mettait à lire des pages de l'*Iliade* sur lesquelles il brodait et improvisait des gloses et des commentaires assez imprévus. Ainsi Cyndie découvrait-elle l'étrange lignée d'Ulysse : un grand-père fils du dieu des voleurs, Hermès, à son tour devenu voleur du troupeau de

Sisyphe. Et Sisyphe, fou de colère, qui décide de voler au voleur son bien le plus précieux, sa fille, qu'il engrosse.

– Comment tu veux qu'il tourne bien après ça, ce bâtard? constatait prosaïquement Cyndie. Les enfants de putain ont jamais fait autre chose que des enfants de putain.

Puis elle soupirait et s'adressait au capitaine avec fatalisme :

– Dire qu'il faut que vous passiez par toutes vos couillonnades mythologiques pour comprendre ça…

***

De son côté, Rambo était indécrottable : il refusait de s'attaquer aux beaux modèles et végétait dans le médiocre. Désespéré de son ami, Ryan confessa son malaise à Jean Jacques et suggéra au capitaine de lui refaire le coup du bonneteau, afin de procéder à son édification politique. Mais ce dernier n'y tenait guère, il voulait quelque chose de mieux adapté au bonhomme.

– Genre?

– Une belle histoire, répondit énigmatiquement Jean Jacques.

Celui-ci invita donc les deux jeunes gens à le visiter aux ateliers un jour entre midi et deux. Ils arrivèrent pendant que Cyndie et Jean Jacques étaient occupés à casser la croûte.

– La belle surprise! s'exclama faussement le vieux capitaine. Joignez-vous à nous!

Il leur servit du blanc que les jeunes hommes acceptèrent. Rambo s'installa à même le sol en ouvrant des boîtes de brandade de morue et en déchirant une miche de pain à pleines mains.

– On a amené pour faire l'apéro, expliqua-t-il.

Les crocs de la moustache du capitaine se dressèrent de contentement. Il prit une inspiration et d'un large mouvement de bras, montra, par-delà les tôles et les ferrailles entassées contre le flanc de la grosse péniche, un invisible horizon.

– Connaissez-vous, mes amis, le port d'Éphèse, tel qu'il était six siècles avant le Christ ?

Les bouchées de brandade et les gorgées de blanc s'arrêtèrent à mi-parcours. Sans se démonter devant la stupeur généralisée qu'il avait provoquée, Jean Jacques continua :

– Et connaissez-vous aussi la silhouette du mont Pion, les remparts de Lysimaque étincelants, les lances de bronze et les cimiers des gardes jetant des éclats du haut des créneaux ? Le chenal conduisant à la cité, le vert argenté des marécages disparaissant par endroits sous de longues langues jaunâtre et rouille ? Le propylée du port et sa statue d'albâtre de Poséidon ?

Rambo bafouilla dans sa brandade :

– C'est où, ça ? Vers le Grau-du-Roi ? À Port-Camargue ?

– Que non, mon beau, car nous sommes à Éphèse, six siècles avant le Christ. Et si vous descendiez à terre pour remonter l'Arcadiane, cette large avenue pavée et bordée de colonnades d'obélisques verts conduisant au cœur de la cité, vous seriez tombés sur l'amphithéâtre où Paul commandita le premier autodafé de l'Histoire en brûlant des manuels de magie.

– Ah ben non, confirma Rambo, ça c'est pas au Grau-du-Roi.

– Mais quittons, si vous le voulez bien, la ville, pour remonter les berges indécises et sablonneuses du Caïstre, ce fleuve au cours toujours changeant, tout à la fois embouchure vers la mer et nasse de sables mouvants où allaient s'emprisonner les trirèmes. Franchissons les oliveraies sur la route qui conduit à Babylone et ses jardins suspendus, laissant à main gauche Smyrne qui vient d'être ravagée par les Perses et, à main droite, la vallée du Méandre dont le satrape règne en sage sur les vergers luxuriants. Et allons jusqu'à la porte de Magnésie, mes chers amis, pour visiter le temple qui protège la cité...

Il s'interrompit et leva soudain un index, penchant la tête sur le côté.

– Écoutez...

Les mastications cessèrent.

– Si vous dressez l'oreille, vous entendrez au loin les bœufs destinés à l'holocauste, le sistre et le tambourin des prêtresses, les cigognes qui s'envolent à notre passage et la cohue des marchands du temple qui se jettent sur nous, voulant nous appâter par des quartiers sanguinolents de viande sacrifiée rituellement, des traités de magie consignée dans des rouleaux de papyrus aux deux couleurs, et surtout, surtout... des effigies d'argent de la déesse Artémis, la femme aux vingt-deux seins.

– Vingt-deux, répéta, rêveur, Rambo.

– Et humez l'air... Il porte les exhalaisons des cassolettes remplies de nard et d'encens, de cinnamome et de myrrhe...

Rambo se hasarda à renifler bruyamment, mais l'odeur de la morue faisait obstacle. Jean pointa alors l'issue de secours au fond de l'atelier :

– Regardez ! les premières servantes de la déesse s'avancent, en robe d'hyacinthe, le visage masqué par de grands voiles diaphanes qui descendent jusqu'à leurs chevilles ornées de clochettes d'or...

Le capitaine se dressa à demi en s'appuyant de sa canne ; il montra les piliers de métal qui soutenaient la verrière de l'atelier :

– Regardez mieux ! regardez !... Les plus jeunes de ces vierges consacrées à Artémis avancent à pas graves et comptés au milieu des piliers et la foule des dévots s'écarte sur leur passage, dans le dédale du pronaos et du posticum aux cent colonnes de marbre blanc!...

Jean Jacques murmura à l'adresse du Gitan :

– Nous sommes dans le plus ancien des sanctuaires des Amazones.

Le regard égrillard de Rambo s'illumina, il zyeuta entre les piliers de la verrière d'un air salace :

– Vous voulez dire les gonzesses avec leur arc? Et leur nichon en moins? C'était pas toutes des gouines, genre un peu salopes?

Ryan se prit la tête en silence et soupira longuement. Qu'était-il venu faire dans cette péniche? Mais avec un flegme tout britannique, Jean continua :

– Les Amazones ont érigé ce sanctuaire en l'honneur de leur vierge, la déesse de la chasse. Au centre du temple, elles avaient arrangé un simple patio de marbre blanc, éclairé par le plein soleil en son zénith. Et dans ce puits de lumière, elles avaient dressé la statue d'une reine nègre aux seins innombrables, dont la peau d'ébène, huilée et parfumée, miroitait tellement au soleil que sa poitrine semblait se soulever et palpiter de vie.

Rambo s'étouffa dans la brandade.

– Une vierge noire?

Jean Jacques enchaîna :

– Il me faut maintenant vous parler d'un homme en contrebas du temple, là où le fleuve Caïstre étale ses méandres paresseux entre les bancs d'alluvions et les îlots de roseaux. Sur sa berge, un vieillard de haute stature, se tenant encore droit, trace de la pointe de sa canne de fines arabesques dans le sable. Sans doute est-il le grand prêtre du culte rendu à la Noire.

– Mais qui c'est? demanda Rambo.

– Héraclite. C'est lui qui va t'éclairer bientôt, mon cher Rambo.

– Moi ?!

– Oui, je l'ai convoqué parmi nous rien que pour toi. Observe-le. Sa canne dessine sur la plage une longue ligne de caractères. Mais déjà, en raison des remous du fleuve, des vaguelettes insolentes lèchent l'écriture et en effacent le relief. Et pourtant il insiste et recommence le même manège. À peine finit-il sa phrase que l'eau l'emporte et en efface les contours. Mais lui, impassible, pose la pointe du bâton à l'endroit exact où il a commencé son tracé avant les ravages de l'eau, et il le reprend. Son bras est ferme encore et le trait ne tremble point.

– Qu'est-ce qu'il est en train d'écrire ?

– *On ne peut pas entrer deux fois dans le même fleuve…* Et il a bien raison, le vieux sage… Terre, boue et sable… D'année en année, les vases se déposent, les bateaux s'ensablent dans des bancs de terre et d'alluvions qui n'étaient pas là un ou deux ans avant. L'eau n'est pas la même, les rives sont différentes, le lit même du fleuve s'est déplacé sur la carte… Rien ne dure… Tout au plus, une agitation incessante et tourbillonnaire de flux d'eau, de boue et de terre.

Rambo ouvrit la bouche, puis se ravisa. Jean Jacques enchaîna d'une voix lente.

– Nous croyons saisir la terre ferme mais de l'eau s'échappe de notre poing serré. Toute forme est transitoire. Toute possession est illusoire. Tout circule dans l'univers, mais il est des hommes, et ce sont les plus malheureux, qui veulent arrêter le flux du monde. Ce sont eux qui décrètent que le monde est à eux, que les choses leur appartiennent.

– Pourquoi ils font ça ? demanda le Manouche.

– Sans doute parce qu'ils ont peur de mourir. Ils ont peur du flux qui les emporte. Alors ils font tout pour le freiner en voulant posséder les choses à jamais.

– Ça veut dire que celui qui accumule des biens, il a peur de mourir ?

Le capitaine opina gravement :

– Le capitalisme est une maladie de l'âme. Et guérir les capitalistes est notre devoir. Et nous ne pourrons les soigner que si nous leur apprenons à céder leur bien et à renoncer à leur propriété. Tel est l'enseignement de la noire déesse du temple d'Éphèse et de son prophète Héraclite…

***

Ainsi s'acheva la rencontre de Ryan Moreau et de Rambo Patrac avec la philosophie héraclitéenne. Affirmer qu'elle les laissa pantois est peu dire. Ryan était un peu perdu. Il s'attendait de la part du capitaine à un cours de politique pour convertir son ami au vol militant, mais ils avaient eu droit à un morceau d'anthologie métaphysique. Sitôt revenus au campement, ils jugèrent opportun d'expérimenter la dissolution de toute chose dans le grand tout cosmique. Ils se calèrent donc dans la caravane de Rambo, chacun sur une couchette, face à la télé branchée sur des clips de rap. Et ils se roulèrent un très très gros pétard à huit feuilles.

Rambo tira longuement sur le gros joint.

– Y a un truc que je t'ai pas dit, mon copain, murmura le gros Manouche…

– Quoi ?

– Le truc là, du capitaine… Sur la déesse noire… Comme quoi c'est elle qu'a inspiré Héraclite… Rapport à ce que tout passe et que rien dure…

Ryan prit le cône que Rambo lui tendait, aspira une longue taffe et laissa continuer le Manouche :

– Chaque année, on va au pèlerinage des Saintes-Maries-de-la-Mer, nous autres, et on descend dans la crypte de l'église. On y va pour prier sainte Sara, la patronne de tous les Gitans du monde… Et elle est là dans un coin de la crypte, la sainte, belle comme une cousine à marier, avec toutes les nippes et les châles qu'on lui fout sur les endosses, avec les cierges illuminés, et ses grands yeux de sucre glace. Elle est là, Sara, pas plus grande qu'une racli de douze ans, mais, sur mon honneur, frère, elle a des pouvoirs vraiment magiques. Elle m'a guéri tu sais, quand j'étais petit et que j'avais le mal…

– Je savais pas que tu étais tombé malade quand t'étais miston.

– C'est pour ça que je suis tout gros, maintenant. On a prié Sara quand j'étais encore bébé.

– Eh ben ça t'a pas rendu moins gros.

– On a fait l'erreur de prier à voix basse, bougonna l'autre, vaguement vexé.

Puis il reprit :

– Mais je vais te dire, Sara la Kale, la sainte des Gitans, des Sintis, des Manouches et des Roms, eh ben Sara, elle est noire basanée… Comme la déesse noire à Héraclite…

Ryan lui laissa le temps de reprendre une longue taffe. Malgré l'effet décontractant du massage pulmonaire, le visage de Rambo était autant tendu. Il insistait :

– Comme la déesse hindoue Kali. Une drôlesse toute barbouillée en noir qui mène la java avec des sabres et des couteaux et des coupe-coupe, et tout ça sur un pacsif maousse de têtes de macchabées… La déesse des pères des pères de nos pères… Des guerriers hindous, dresseurs de chevaux, manieurs de sabre…

– Vous venez de l'Inde ?

– Kali, Kale… Sara la Kale. Sara la Noire. Ça fait des millénaires qu'on est les adorateurs de la déesse noire, frère. La déesse noire, comme celle des Amazones, celle qu'Héraclite c'était le grand prêtre…

Rambo se leva tant bien que mal de sa couche, titubant et l'air béat. Il vint embrasser Ryan sur les deux joues et sur le front :

– Copain, j'ai compris ma place dans l'univers : je suis un serviteur de Kali. Et maintenant, j'ai une très sainte mission : héracliter tous les malheureux bourgeois, et les aider à plus se cramponner aux choses...

Il tourna sur lui-même au milieu de la carrée, le benouze en bas du cul, chancelant, les yeux bizarrement phosphorescents, et faisant des moulinets avec des sabres invisibles dans des postures approximatives d'art martial, il beugla :

– On va piller humaniste mon pote!... Aider les gens à lâcher prise en les détachant de leurs biens dans ce monde!

Puis il tituba jusqu'à Ryan et l'attrapa à la nuque, sa bouche contre la sienne, mêlant leur haleine alourdie de ganja, il murmura avec des accents vibrant d'émotion :

– Frère, toi et moi, à partir de maintenant, on va choucraver mystique...

QUATRIÈME PARTIE

Formation continue

– Bah ! À quoi bon ? Ils sont trop. En tuer un, en tuer cent, en tuer mille, cela n'avancerait à rien et ne mettrait un sou dans la poche de personne ; ce n'est pas sur eux qu'il faut se livrer à des voies de fait, c'est sur leur bourse. […]
– Le fait est que ce sera plus dur encore, pour lui, de trouver demain matin son coffre-fort éventré et vide, que de se voir coller au mur de son usine par les parents et les amis des ouvriers qu'il a sacrifiés à sa rapacité.

Georges Darien, *Le Voleur*

Joséпha était occupée à contempler d'un œil torve l'écran qui diffusait un quelconque *Feu de l'amour* à travers la fumée âcre de sa clope. À l'arrivée des hommes, elle éteignit le poste et désigna les banquettes exiguës en faux velours cramoisi où la douzaine de costauds s'entassa. Puis elle distribua d'autorité du perniflard à tous. Ryan n'osant pas décliner ce qui allait être son petit déjeuner se siffla le breuvage et ouvrit l'écran de l'ordi. Rambo en profita pour sortir un carton de bières fraîches. À l'image, un texte en anglais détaillait un formulaire d'achat en ligne. Ryan se contenta de passer le curseur de la souris sur le titre de la page : *Lockpickingstore.*

Il traduisit :

– Magasin de crochetage de serrures.

Les mecs écarquillèrent les gobilles. Il tourna la mollette de sa souris. Les images défilèrent sur l'écran avant de s'arrêter sur une trousse brune hérissée de petits scalpels de toutes tailles.

– Ça, c'est la HU 66. Le passe-partout des serruriers automobiles anglais. Ces grands couillons rouquins de Rosbifs le mettent en vente libre sur Internet sans justificatif de patente professionnelle.

– Qu'est-ce que ça ouvre ? s'enquit Rambo.

Ryan détailla la notice et lut à voix haute :

– Hmmm… Presque tous les modèles Porsche, Audi, Seat, Volkswagen, Skoda…

Les mecs étaient stupéfaits. Un murmure d'approbation se répandait dans le cousinage élargi de Rambo. Ce dernier se gratta le menton du revers de l'ongle.

– Et combien ça coûte, ce petit bijou ?

– Quatre-vingt-dix euros.

Des exclamations de surprise retentirent dans la carrée. Elles reprirent lorsque Ryan annonça que la livraison s'effectuait sous quarante-huit heures. Il y eut un conciliabule chuchoté entre la demi-douzaine de Gitans, plein d'approbation et de décapsulage de mousses. Rambo baragouina dans son sabir à Josépha, qui répondit de la même manière, puis tout le monde se joignit à la palabre, laquelle tourna à la jacasserie d'une volière hystérique. Soudain, Josépha leva le bras, et le silence s'abattit immédiatement. Elle donna un bref coup de menton en direction de son fils. Rambo s'éclaircit la voix et annonça à Ryan la bonne nouvelle :

– Maman est d'accord. On en prend dix.

Ils les reçurent comme convenu deux jours après. On fêta leur arrivée avec une flambée de grillades sur palettes le temps que la nuit tombe. À la lumière du brasier, Ryan fit la distribution. Les mecs se montraient leur passe-partout en rigolant comme des gamins. Ryan expliqua alors son plan.

– Ce soir, y a match de Nîmes Olympique en nocturne au stade des Costières. Y aura un trèpe pas possible et le parking est blindé de carrosses des grossiums.

– Seulement, il est surveillé par des caméras de vidéosurveillance, objecta Rambo.

Ryan fouilla dans la sacoche et en sortit des feuilles cartonnées équipées d'un élastique. Sur chacune d'elles, un visage était imprimé. Il distribua les masques.

– Va falloir s'habiller classieux, les mecs. Et on rentre tranquillement dans le parking, avec ça sur sa tronche. Ensuite on déverrouille proprement les portières et on se casse avec les bagnoles.

– C'est qui, lui ? demanda Rambo en détaillant la mâchoire épaisse et les petits yeux resserrés.

– Le président Burnier. Et tous les autres, c'est les élus de son groupe.

***

Dès lors, la fine équipe rassemblée autour de Ryan et Rambo commença à sérieusement écumer les voitures de classes moyennes. Et ils étaient nombreux, les cadres et les petits patrons entre Arles et Montpellier, à se réveiller un matin pour découvrir qu'on leur avait étouffé leur Peugeot 308, leur Citroën C4 ou encore leur Golf TDI. Pourtant, ils les avaient amoureusement lavées et bichonnées au polish tous les ouikends pendant que leur bourgeoise achetait en promo des sous-vêtements coquins et des menus minceur pour la semaine. Leurs voitures étaient cannibalisées dans la journée à la casse auto de Rambo et les pièces s'éparpillaient par Internet aux quatre coins de la Provence. Toute la communauté avait été requise dans cette fructueuse affaire : une première équipe de minots rôdait en moto et repérait les bagnoles appétissantes ; une seconde, composée de la douzaine de fidèles autour de Ryan, faisait sauter les verrous et les ramenait à la casse ; une troisième s'occupait de les désosser. Enfin Rambo et Ryan, conduits par Sylvester au volant de son fourgon, maquignonnaient les restes et revendaient les pièces dans tous les garages avoisinants.

Quant à Josépha, elle relança le culte de Kali l'hindoue au motif que c'était Sara la sainte, ordonna de foutre une chasse à tous ces grands couillons de pasteurs qui rôdaillaient autour du campement, et décréta que le vol à grande échelle valait autant qu'une prière. Au rétroviseur des Mercedes de tout ce que la région comptait de Manouches et de Tziganes, les figures compassées de la Vierge et de son grand dadais rouquin de fils furent supplantées par une espèce de Mistinguett à loilpé maniant le sabre et tirant une langue rose sur son champ d'ossements. Dans tout le département du Gard, on se mit à voler alors par dévotion. Les chiffres de la délinquance explosèrent en même temps que ceux des actions de grâce. Bientôt, il y eut des cas d'apostat dans les banlieues et des musulmans se convertirent en masse à cette religion qui récompensait ses fidèles en leur proposant le paradis sur terre, *hic et nunc*. Quant aux prêcheurs des sectes concurrentes, leur discours sur l'insertion sociale par la religion ne tenait plus guère devant ce nouveau lumpenprolétariat combinard, joyeux et déluré qui prônait l'effondrement du système en accélérant son vice. Voler les voleurs devenait la seule vraie morale, et le populo des zones et des quartiers ne s'y trompait pas : le muselage du peuple par l'éducation morale prenait fin.

Il arriva donc ce qui devait arriver quand les pauvres ne respectent plus le pouvoir et surtout se contrefoutent de le prendre : le ministre de l'Intérieur qui était aussi celui des cultes se déplaça en grand équipage. Un cortège de Mercedes noires aux vitres fumées et fanions tricolores, toutes sirènes hurlantes, descendit à la préfecture de Nîmes. Le ministre y commit un discours vibrant devant le président Burnier, sur la citoyenneté, l'inclusion, la nation et le respect sacré de la propriété.

Pendant ce temps, à l'autre bout de la ville, loin des ors et des hauts plafonds de la République, au Derby Bar, Jean Jacques tenait table ouverte. Le marinier était outré que le ministre se permette de dénigrer le fantastique mouvement de salubrité publique en train de s'étendre à tout le peuple. Dépoitraillé et cramoisi, debout sur le zinc, saoul comme un éclusier, il commençait de haranguer son petit monde, vociférant contre les huiles rassemblées à la préfecture, prophétisant leur chute imminente et le recyclage de leurs attributs virils en bâtons de surimi. Le Derby Bar, qui avait ouvert grand ses portes, s'était bientôt improvisé en lieu de meeting politique sauvage, et la placette était peu à peu investie par un populo hilare et aviné toujours plus nombreux à écouter le capitaine :

– En vérité, je vous le dis, tonitruait-il, *Quis enim fur æquo animo furem patitur*?

Puis devant l'assemblée interdite qui s'attendait à voir passer Harry Potter en balai volant, il traduisait :

– « Quel voleur supporte avec sérénité de se faire voler? » c'est ce que demande Augustin dans ses *Confessions*.

Alors le capitaine expliqua d'une voix majestueuse de solennité et toute empreinte de pastaga que si le monde allait si mal, ce n'était pas parce qu'il y avait trop de voleurs, mais parce qu'il n'y en avait pas assez. Car on manquait de vrais voleurs, tels que les rêvait Augustin, capables d'accepter d'être volés. Il fallait déplorer l'existence de demi-voleurs, qui volaient, certes, mais qui s'interrompaient en chemin et *gardaient* ce qu'ils volaient. Et à ce moment de son prêche, le marinier, en sémaphore gesticulant et postillonnant sur le zinc, pointait un index courroucé en direction de la préfecture.

– Ce sont nos petits frères en vol, inexpérimentés et malhabiles, les banquiers, traders, les réformateurs politiques et tous les autres hommes d'affaires. À eux tous, nous disons : brigands, encore un effort pour être des vrais voleurs, osez le geste qui sauve et consentez à vous laisser voler à votre tour!

Ce discours, on s'en doute, provoqua des tonnerres d'applaudissements et, par le plus grand hasard, il s'acheva en même temps que celui du ministre. Mais, tandis que Jean Jacques était porté en liesse par une masse bigarrée et hirsute qui défilait dans les rues, le ministre jugea plus prudent de s'éclipser illico presto et de rallier les berlines aux vitres fumées qui l'attendaient sagement pour le reconduire à Paris. Burnier le raccompagna poliment, trottant à ses côtés jusqu'au moment où un capitaine de gendarmerie aux allures de petite frappe, un dénommé Kevin Da Silva, murmura à l'oreille de Burnier l'embarrassante nouvelle : il fallait patienter quelques heures encore avant le départ.

– Et pourquoi donc ? glapit le ministre en montant sur ses talonnettes et ses grands chevaux.

– Les voitures sont sur cale, monsieur. On vient de voler les roues.

***

Au bout de quelques semaines de juteuse activité, Josépha demanda des comptes. La reine avait beau s'être découvert une fibre mystique, elle avait encore la tête sur les épaules et le magot sous l'oreiller. La fine équipe s'entassa donc à nouveau dans sa caravane. Ryan déversa le contenu d'un grand sac de sport sur la table en Formica. Les billets tombèrent en une pluie serrée sous les vivats et les acclamations. Josépha hasarda un vague sourire en donnant à Ryan une liasse épaisse de biftons craquants.

– Tiens, fils. Voilà ta part, avec un pactole en plus, parce que t'as l'esprit d'entreprise.

Rambo et les autres voulaient faire la fête toute la nuit durant, mais Ryan souhaita s'isoler. Il revint à la caravane qu'ils occupaient avec Cyndie depuis qu'ils avaient quitté l'appartement de Kristopher. Il s'allongea sur son pucier au côté de la jeune fille, se grilla une sèche et, à la lumière de la télé, compta et recompta son jackpot. Six mille euros... Quand il emballait les barquettes de bouffe pour vieux, il encaissait quatre cent cinquante par mois. Le plus qu'il ait jamais gagné – un contrat aidé à vingt heures par semaine pour entretenir les motocrottes de la municipalité – c'était six cent quarante-quatre euros. Et là, il tenait entre ses mains un an de salaire... Elle lui prit le paquet de billets :

– Alors c'est aussi facile que ça, murmura-t-elle rêveusement en feuilletant la liasse.

Il se souvint de la nuit d'insomnie qu'il avait passée dans la cuisine de leur petit appartement à calculer leurs dépenses. C'était un temps où il redoutait de ne pouvoir faire la soudure d'un mois à l'autre. Mais là... Il fit claquer l'élastique contre la liasse et embrassa Cyndie qui se mit à glousser... Il eut alors envie de téléphoner à Jean Jacques. Une voix pâteuse décrocha.

– Oh, capitaine, c'est Ryan.

Après un silence et quelques vagues grognements, le marinier lui répondit :

– Mon petit, ce n'est pas une heure à réveiller un honnête retraité de la marine marchande. Il y a des marées, pour les océans comme pour les hommes, et à cette heure-ci, c'est marée basse.

Et il s'apprêta à raccrocher. Ryan insista :

– C'est pour vous dire merci.

– Mais de quoi ?

– De la leçon à Rambo.

– Elle a porté ses fruits ?

– À fond. Maintenant, chef, on s'est fait des couilles en or.

– Ho ho, formidable, ironisa le vieux, et à quelles fins ?

– Hein ?

– Pour quoi faire, avec tout cet argent ?

Ryan s'étira sur son pucier et s'écria dans le téléphone :

– M'acheter une Merco de collection !

– Et un mas dans la garrigue avec une piscine et des baies vitrées ! ajouta en pouffant Cyndie.

– En forme du S de dollar, elle serait la piscine ! rigola Ryan, et les deux barres, ça serait des passerelles pour que les loufiats avec leur costard et leur nœud pap, ils nous apportent le champ' et les p'tits fours !

Le rire de Ryan mourut dans le silence. Il y eut un soupir à l'autre bout du fil.

– Comme le roi de pique, finalement.

Le jeune homme grognonna :

– Merde capitaine, y a quand même pas de mal à vouloir se baquer dans une pistache de bourges !

L'autre annonça sentencieusement :

– On ne se baque jamais deux fois dans la même pistache, Ryan.

Et le capitaine raccrocha.

Ryan se frotta dubitativement la peau du crâne. Il jeta le téléphone sur la banquette et leva le store de la fenêtre.

– … Vieux con…

Les gars étaient encore dehors, à se chauffer en buvant et en fumant. La sono d'une bagnole ouverte dégueulait des watts de flamenco. Il se passa rapidement sous la douche où il se rasa le crâne avec un rasoir neuf et endossa ses fringues. Il déboula au milieu des Manouches alors que ceux-ci commençaient à faire tourner leur moulin. Un grand type au visage en lame de couteau et à la moustache de Robin des Bois baissa la vitre d'une Porsche Boxster. Il tirait sur un gros bedo et déjà son regard était parti. Il hurla par-dessus le moteur.

– Alors Ryan, tu viens avec nous ou quoi ?

Rambo qui était dans les parages arriva à hauteur de Ryan. Il demanda à Robin des Bois :

– Où c'est que vous allez, comme ça ?

– À la Frontera. Au Behobia. Ils ont un arrivage de Capverdiennes tout ce qu'il y a de plus salopes. Si on part maintenant, on y est à deux heures du mat.

Ryan chopa le taf des lèvres de son copain, tira un grand coup dessus et le lui rendit.

– Désolés, les mecs, c'est pas pour nous. Nous autres, on est maqués. Et de toutes les façons, c'est pas les putes qu'il faut s'acheter, c'est le bordel.

Rambo s'essaya à rire mais le ton que Ryan avait pris ne portait pas à la rigolade. Ce dernier revint à la charge.

– Maintenant qu'on sait comment s'y prendre, il faut qu'on se chope les modèles électroniques, tu sais, les grosses berlines allemandes…

Le gros se rebiffa :

– Les passe-partout que tu nous as dégottés peuvent rien foutre devant ces genres de charrettes. Elles démarrent avec des cartes électroniques.

Ryan prit un air mystérieux :

– Quand ils reviendront du bordel et qu'ils auront bien dessaoulé, tu m'arrangeras un rendez-vous avec ta mère et toute la bande. Et on fera venir mon pote Kristopher.

***

Le lendemain, Ryan attendait Kristopher à la sortie de son boulot, les mains dans les poches, une clope tombante à la commissure des lèvres.

– Putain, marmonna Kristopher en l'observant à travers la vitre de l'atelier, est-ce que cette petite conne lui a lâché le morceau ?

Il s'essuya les mains contre son pantalon, déglutit et inspira à fond. Il prit le temps de détailler avec plus de soin Ryan. Ce dernier était pourtant toujours aussi décontracté. Il soupira d'aise et sortit en s'efforçant de paraître naturel, allant au-devant de son rival tout sourire. L'autre lui tendit la main :

– Tu m'en veux pas pour l'appart ? C'est surtout Cyndie qui voulait qu'on se casse. Je sais pas trop pourquoi, elle m'a pas expliqué…

Kristopher haussa les épaules et répondit précautionneusement :

– Qu'est-ce qu'on y comprend, nous les bonzigues, aux humeurs de femme ?… Un jour elles ont leur arcagnasses, qu'il faut pas les toucher… Un jour qu'elles les ont plus, qu'elles ont mal à la tête, qu'il faut pas les toucher non plus… Alors toi tu veux bien faire, tu les touches plus, et après elles te reprochent de plus les toucher… Ou alors tu les touches, et après…

Il s'interrompit, pressentant de balancer une connerie. Mais Ryan ne ressentit pas le trouble et engagea la conversation sur le terrain qui l'occupait.

– Ça te dirait de te faire des pézettes fastoche avec tout le matos que t'as volé à ton patron ?

– Raconte toujours, répondit évasivement Kristopher.

– Il faudrait que t'apprennes à toute la tribu des Patrac comment cracker les serrures électroniques des berlines.

Ryan entra dans le détail de son plan, mais Kristopher ne paraissait pas écouter. Son regard s'attardait sur le costume et la liquette d'un noir satiné de Ryan. Ce dernier interrogea Kristopher :

– Dis, tu m'écoutes, là ?

L'autre sortit de ses songes et répondit du tac au tac.

– OK, mais je veux cinq mille balles d'avance.

Ryan sursauta, réfléchit, puis les lui promit. Il reprit son explication. Kristopher entendait le fil de la voix chantante de Ryan égrener la juteuse combine. Mais il ne cessait de se demander si les taches de sang ressortaient en rouge sur de la soie noire, ou si la chemise devenait d'un noir plus mat encore.

***

Kristopher attendait au volant de sa Clio à l'entrée du garage où il bossait. La nuit était déjà tombée mais il s'était garé en contrebas pour ne pas éveiller l'attention. Une grande silhouette en kamis, crâne rasé et barbe des convertis, passa à sa hauteur. Mohamed Benaoudid, un de ses collègues, qui finissait tard. Il le klaxonna. Ce dernier le reconnut et traversa la chaussée.

– Entre, fit Kristopher en ouvrant la porte passager.

Tout en jetant des coups d'œil dans le rétro, Kristopher interrogea Mohamed :

– Ton frère, Chokri, il est toujours à la maison d'arrêt ?

– Ouais, pourquoi ?

– Cinq mille boules, ça le branche ?

***

En entrant au Derby Bar un peu avant tout le monde, Ryan et Kristopher constatèrent que la patronne, qui commençait à être mise au parfum des activités du jeune homme, lui avait offert de bonne grâce toute l'arrière-boutique de son caboulot. Elle roucoulait d'importance en servant des rasades de ces toniques petits cafés nîmois, qui n'ont en commun avec les irish coffee que le café, mais substituent au scotch, ce sirop pour cow-boy dégénéré, une sévère giclette de pastaga dont les plantes médicinales facilitent le transit et tonifient le foie. Dans ces heures matinales où elle distribuait d'autorité son breuvage, Transsubstantiation se faisait l'impression d'être quelque chose entre la guérisseuse connaissant les secrets des simples, la grand-mère universelle allaitant tous les hommes, et la cantinière de régiment requinquant ses troupes quelques minutes avant l'assaut.

La bande de Gitans ensommeillés arriva bientôt. On se salua, on s'assit. La reine, la grande et sèche Josépha, était drapée dans sa dignité de princesse et dans son manteau à doublure de peau de panthère synthétique. Elle était assise en face de Ryan, son visage d'acajou fermé et les coins de ses lèvres noires affaissés comme s'il s'était agi d'écouter le messager de Marathon. Hiératique, mutique, elle réalisait la synthèse parfaite entre la momie égyptienne bismuthée et les bustes des géants de l'île de Pâques. Même teint plombé, même indifférence au défilé des siècles, même manière de se faire chier cosmiquement au spectacle des affaires humaines. La seule activité qu'elle concédait à la vie ce matin, c'était de tapoter lentement sa petite cuillère contre sa tasse de café nîmois avec des bruits de sonnaille qui évoquaient les antiques cérémonies des aruspices il y a deux mille ans, lorsqu'on s'apprêtait à lire dans les entrailles la fin des empires et l'apogée des crimes. Sans daigner lever le regard, elle laissa tomber froidement, vipérine :

– Et pourquoi qu'on me fait venir, à moi ? J'ai ma communauté à m'occuper. J'ai rendez-vous avec le curé pour qu'il ait pitié et qu'on prenne gratuitement aux Emmaüs les meubles que les cousins leur ont vendus la semaine dernière. Et j'ai à envoyer des gars pour ouvrir le terrain de foot d'Aimargues samedi prochain, parce que j'ai mes neveux qui vont venir au mariage de ma sœur et je sais toujours pas où les loger.

Ryan expliqua avec patience :

– Josépha, si on veut ramasser du bon auber, faut plus s'emmerder à chouraver les déchards. Faut taper dans les charrettes à des bourgeois.

Il y eut un sifflement de dénégation dans les rangs des Romanos :

– On en a déjà parlé, objecta Rambo. Ils ont des carrosses à démarrage électronique. Autant essayer de braquer la Banque de France avec une brosse à dents.

Ryan écarta les tasses et les cendriers et Kristopher déposa une poignée de cartes de plastique noires.

– Ça justement, c'est des cartes électroniques de démarrage, expliqua Kristopher. À l'achat, ça coûte cinquante balles, ces conneries-là. Mais moi, j'en ai des pleins cartons que j'ai soufflés au patron. Elles sont toutes vierges.

– Des vierges, des vierges, ça va cinq minutes, coupa un Manouche assis dans le fond, mais on n'est pas là non plus pour la cérémonie du mouchoir. Qu'est-ce qu'on en a à braire, qu'elles soient vierges? Nous, c'est des programmées qu'on veut, et des programmées pour la tire qu'on veut chauffer.

Ryan fouilla alors dans la sacoche qu'il portait en bandoulière et en sortit un boîtier à peine plus grand que sa main, ainsi qu'une poignée de prises USB, chacune estampillée d'une marque de voiture.

– Ça c'est un programmateur de clef de bagnole *wi-transpo*. Sur Internet, tu l'as en vente libre pour deux cent cinquante balles.

Rambo paraissait dubitatif :

– Et c'est quoi les bagnoles que tu peux programmer avec ton joujou?

– Peugeot, Nissan, Honda, Chrysler, Mitsubishi, Suzuki.

Ryan se tourna vers Kristopher pour lui laisser l'honneur de répondre.

– Bon, d'abord, tu ouvres bien propre la porte avec le passe-partout que vous avez acheté en Angleterre. Ensuite, tu insères la carte vierge. Après tu prends le programmateur. Tu ouvres la petite prise diagnostic planquée entre les deux sièges avant, et tu le branches dedans, bien à la verticale. Les petites diodes vertes et orange sur le côté vont s'allumer, puis s'éteindre. Quand elles vont se remettre à clignoter, c'est bon, tu retires le boîtier. Ensuite tu retires la carte. Ça y est : elle est reprogrammée. Durée complète de l'opération : quarante secondes. Dégâts sur le véhicule : aucun. Traces d'effraction : aucune.

Sans attendre la réaction de son public, Kristopher sortit son ordinateur et lança un programme.

– C'est le logiciel du constructeur PPS, le *Peugeot Planet System*. Je l'ai acheté au Maroc par Internet pour trois cents euros. Mais je peux acheter le même pour les autres marques.

Il montra une ligne à l'écran où le curseur palpitait.

– Admettons que tu viens de voler une Peugeot. Là, tu entres la série de dix-sept chiffres gravés sur son pare-brise. Maintenant, tu peux effacer tout l'historique de la voiture, modifier son kilométrage et toutes les infos qui sont dans la puce mémoire. Ça veut dire qu'ensuite on peut la revendre en la faisant passer pour une neuve.

L'assemblée était médusée. Mais Rambo était encore hésitant :

– Même si on maquille les numéros de châssis et de moteur, le numéro de série sur la carrosserie, même si on enlève le pare-brise pour en mettre un neuf, et qu'on change les étiquettes constructeur dans les portes, comment on le revend, ton moulin, si on n'a pas les papiers ?

Ryan intervint à son tour :

– Vous, les Manouches, vous venez d'Allemagne et de Belgique, pas vrai ?

– « Patrac », fit Sylvester en se rengorgeant, ça fait pas trop « Manitas de Plata » ou « Gipsy King ». Nous autres, Manouches, on est les vrais descendants des Hindous de la forêt Noire ! les brahmanes du Haut-Brabant ! Les Ganeshas des Ardennes !

– Vous devez avoir encore de la famille en Belgique ? Pas vrai ?

La bande opina.

– Eh ben c'est là-bas qu'il faut leur demander d'aller voler une carte grise du même modèle et de la même marque. À Bruxelles, ils les laissent souvent dans la boîte à gants parce qu'ils fouettent d'avoir à payer une amende pour non-présentation des papelards en cas de contrôle. Ensuite, y a plus qu'à réimmatriculer.

Un murmure d'approbation parcourut l'assemblée.

– C'est la doublette, commenta Rambo en connaisseur. Deux bagnoles en Europe qui circulent sous le même numéro. Ça me paraît jouable.

Ce fut la reine qui brisa cette belle harmonie. Elle porta le café nîmois à ses lèvres, le but lentement d'une traite, et claqua la tassette sur la soucoupe avec la précision d'un couperet de guillotine :

– N'empêche qu'on n'a toujours pas les acheteurs. Les Twingo et les Ford Fiesta, c'est facile : on vole aux pauvres et on revend aux pauvres. Mais pour écluser des bagnoles semblables, il faut fréquenter la France des châteaux et chasses à courre. En plus, on aurait pas les manières qui font sérieux à la revente… Non non, impossible.

Il y eut un silence embarrassé dans l'assemblée. Josépha se leva et épousseta son fuseau léopard avec ceinture dorée en fausses douilles de fusil-mitrailleur. Cela signifiait que l'entretien était clos. Ses fils, neveux, cousins, frères, beaux-frères et maris en firent autant. Déjà ils retournaient au bar en tendant la tasse vide pour qu'on la remette à niveau : l'ordre du jour de la réunion était épuisé et ils reprenaient le travail. Ryan se passa la main sur le crâne. Il avait tout imaginé avec Kristopher pour monter des vols terriblement efficaces, mais il avait omis que la délinquance est une activité commerciale comme les autres : elle n'a de sens que si l'offre correspond à une demande réelle. Honteux, il s'apprêta à jeter l'éponge quand la porte s'ouvrit. La compagnie qui entra acheva de lui scier les pattes.

C'était maître Cube qui déboulait sur la scène du Derby Bar, flanqué à sa droite des cousins Ben Barka et à sa gauche de Fouad Moussa. L'avocat véreux souriait, épanoui dans son costume cintré, mais la tribu de post-Marocains qui l'accompagnait ne savait pas trop où se mettre. Dans un territoire sous protectorat gitan, l'apparition d'une bande d'Arabes pouvait vite passer pour une tentative d'annexion face à laquelle l'Anschluss des Sudètes aurait passé pour une aimable plaisanterie. Pourtant, avant même que ne se déclenchent les hostilités, et devant un Ryan stupéfait, l'avocat avait fendu l'espace pour déposer un baisemain au milieu des bagouzes de Josépha :

– Ma reine, fit le gros lappeur d'anneaux avec obséquiosité, c'est un honneur de vous rencontrer ce matin, ravissante et épanouie comme une fleur sous la rosée. Et à propos de rosé…

Il claqua des doigts et commanda à la patronne de l'estaminet quelques bouteilles de gris des sables pour rincer les hommes. Après tout, il n'était que dix heures. La gente masculine claqua du bec pour manifester son approbation.

L'avocat attaqua le morceau avec des airs de Pierre Dac transformé en fakir.

– Je pressens un désarroi ici… Ah, mais ne m'en dites pas plus… Je sais votre détresse… Des voitures de standing, n'est-ce pas, mais que vous ne savez pas écouler?... Or savez-vous que l'Europe de l'Est est friande de voitures de luxe et de coupés sport. Quant aux véhicules plus vétustes, les filières sont plutôt orientées à destination du Maghreb et de l'Afrique noire. Chaque jour, des automobiles esseulées quittent le territoire de notre douce France par containers à partir des ports de Rotterdam, d'Anvers et de Marseille pour une destination lointaine, Kiev ou Tataouine, où une famille impatiente les adoptera.

Et avec la prestance et les moulinets de bras d'un monsieur Loyal annonçant un numéro de clowns tristes, il présenta les trois cousins Ben Barka et Fouad Moussa.

– Or, continua le gros, monsieur Moussa, ici présent, sera votre garant pour ouvrir des réseaux de redistribution en direction des pays de l'Est, et messieurs Ben Barka, dont vous connaissez également le sérieux, auront en charge tout ce qui touche à la filière d'exportation maghrébine et subsaharienne en relayant par l'Espagne.

Et avant même que la moindre des objections lui fût opposée, il s'adressa à Stallone :

– Oh, je sais très bien ce qui vous brûle les lèvres. Quand bien même il y aurait des débouchés, encore faut-il cacher les voitures dans des containers portuaires et nous manquons, sur ce chef, d'alliés notoires. Mais il me semble, très cher Stallone, que vous êtes intime avec le sieur Jean Jacques, retraité des chantiers navals de Sète, n'est-ce pas? auquel vous sous-louez dans la plus parfaite illégalité des hangars propriété de la SNCF, et qui est resté très au fait du commerce maritime, me trompé-je? Notre homme ne pourra pas refuser une offre puisqu'il a besoin de vos locaux et de votre discrétion. Il sera donc la personne-ressource pour tout ce qui touchera à la mise en container et à l'enregistrement, prélude à l'embarquement de nos marchandises.

La main de maître Cube n'avait pas quitté l'épaule de Ryan. Ce dernier observa l'assemblée interdite : la douzaine de Gitans rassemblés peureusement et indécis autour de leur reine, les quatre Arabes, encore éberlués par ce qui leur arrivait, Kristopher abasourdi, maître Cube qui ne se départait pas de son sourire mielleux. Ryan eut alors une illumination. Il comprit que l'avocat était en train de l'adouber chef de bande, une bande internationaliste et cosmopolite, branchée sur le vol haut de gamme, à la pointe de la technique.

La vingtaine de Gitans, de Blancs et d'Arabes constituait dorénavant une bande, sa bande, la *bande à Ryan.*

***

L'affaire était donc lancée. En quelques mois elle fut florissante, et Ryan, confiant à sa bande les tâches techniques de vol et administratives d'enregistrement, se consacrait essentiellement au contact clientèle, comme on dit dans les métiers honnêtes. Ils partaient à deux voitures, lui au volant d'une Merco vintage accompagné de Kristopher, et Rambo en base arrière et soutien logistique, au volant d'un fourgon banalisé dégueulant de pétoires fournies par Fouad Moussa. Le cortège contournait précautionneusement Marseille, traversait l'Italie du Nord, descendait par la Slovénie pour y négocier en Croatie l'export des modèles que la bande étouffait des contreforts pyrénéens jusqu'aux marches rhônalpines. Ils louaient souvent un pied-à-terre dans le centre de Skopje, négociaient dans des casinos tenus par la mafia tchétchène avec des hommes d'affaires russes qui parlaient un allemand impeccable que Rambo traduisait miraculeusement.

Un matin qu'ils étaient tous les quatre à la terrasse d'un hôtel à prendre un petit déjeuner sur la riviera croate, Rambo acheva d'engloutir les derniers croissants de la panière et, trempottant une ultime tartine dans son café noir, annonça la bonne nouvelle :

– Les copains, Shayanna est enceinte. Jojo va avoir un petit frère.

On s'extasia, on s'exclama, on commanda au majordome une bouteille de roteuse. Rambo fit sauter le bouchon dans la mer Adriatique et commença le service. En faisant tinter sa coupette, Ryan demanda au futur papa :

– Et comment tu vas l'appeler, ton fiston ?

– Marcel, comme mon père.

– Mais Jojo s'appelle pas déjà Marcel, comme ton père Stallone ? s'inquiéta Ryan. Trois Marcel Patrac dans un même campement de caravanes, ça va pas simplifier le travail des assistantes sociales.

– Ouais, expliqua Rambo, mais lui ça sera Marcel *Cerdan* Patrac.

Les hommes apprécièrent et savourèrent la nouvelle en buvant silencieusement.

– Et toi, demanda Rambo doucereusement à Ryan, Cyndie elle veut toujours que tu lui fasses le bébé ?

Ryan reposa sa coupe et prit sa cigarette roulée qu'il avait coincée derrière son oreille.

Il alluma sa clope au briquet tempête, se cala en fond de chaise et souffla la fumée en direction des cieux.

– On fait ce qu'on peut…

Le Gitan opina du chef avec une mine compassée.

– *Té bénil tou o del*, si le bon Dieu veut bien…

Ryan épousseta un peu de la cendre qui maculait sa veste et s'adressa à Kristopher :

– Et toi, comment ça va l'amour ?

Kristopher rougit comme une pivoine.

– Pourquoi que tu nous la montres jamais, ta baronne? insista Rambo.

– Il a peur qu'on la lui vole, suggéra Ryan.

Kristopher baissa les yeux au sol. Des impatiences faisaient danser ses jambes. Il coula un regard à la dérobée à Ryan.

– Je l'ai dans la peau mais c'est une meuf maquée.

Ryan se servit une nouvelle coupette de champ et remplit celle de Kristopher.

– T'as qu'à te débarrasser de son mec.

Puis, de l'index et du majeur, il mima un flingue posé sur sa tempe, appuya sur la gâchette et fit mine de mourir. Ryan et Rambo éclatèrent de rire. Kristopher s'efforça de les imiter, mais il ne parvint qu'à un faible coassement. Il vit alors les bulles déborder de la coupe de champagne de Ryan et le liquide couler le long du verre, et cela déclencha chez lui un rire inextinguible.

***

Il leur fallait une grosse nuit de route pour revenir de Croatie. Ils s'emmerdaient avec les petites départementales de campagne, mais se garantissaient ainsi de n'être pas contrôlés par la douane volante. La Merco de Ryan était en tête du cortège, immatriculée tout ce qu'il y avait de plus légal. Conduite par un jeune homme poli accompagné d'un autre Blanc, elle pouvait être tranquillement interceptée par les pandores. Le temps qu'ils se garent sur le bas-côté, Kristopher en profitait pour envoyer le texto d'alerte. Alors Rambo, qui conduisait le fourgon quelques kilomètres en aval, s'empressait de bifurquer sur une route secondaire pour échapper au contrôle. Ils évitaient ainsi des explications confuses avec la maréchaussée slovène ou italienne sur l'origine des sacs de sport remplis de pognon et de flingues.

Ils bouffaient du kilomètre. Au petit matin, la gueule encore toute barbouillée de sommeil, ils décidèrent de faire une halte dans l'arrière-pays monégasque, chez un Corse taciturne qui tenait un restaurant routier-station service-halte des chasseurs. L'homme leur rissola en silence du figatelli avec des œufs au plat et leur servit quelques solides lampées d'un rosé de Bandol douteux, rose et sucré comme des fraises Tagada. La conjugaison des mets et des vins les acheva et les fit barboter dans un demi-sommeil vasouillard.

– On va pas reprendre la route avec ça dans le corniolon, bredouilla d'une voix pâteuse Rambo.

Ils jetèrent un coup d'œil alentour. Un figuier pagnolesque d'où cascaillaient les premières cigales de l'aube régnait sur la cour du Corse. Au loin, derrière le bâtiment principal, les chaises longues se languissaient autour d'une piscine.

D'un commun accord, les trois arsouilles tirèrent les méridiennes jusque dans l'ombre bleue du figuier. Ils s'étirèrent, grognèrent, et l'un après l'autre, s'effondrèrent dans la toile des chaises longues. Le Corse avait disparu. On entendait au loin grésiller la radio dans la cuisine, et les casseroles malmenées sous l'eau chaude s'entrechoquaient contre l'inox de l'évier. Kristopher fit comme les deux autres, il s'étendit de tout son long, se grilla une dernière clope en participant à une vague conversation sur les valeurs comparées des culs des Slovènes et des Croates. Bientôt, elle s'éteignit avec les dernières cigarettes, les respirations se firent plus amples, et de la cuisine, la soupe musicale geignarde de la radio leur parvint assourdie. Kristopher donna l'impression de somnoler, le regard caché par sa casquette et ses lunettes noires.

Or ce n'était pas le sommeil qui s'emparait de lui, mais une haine folle, et à chaque inspir, à chaque expir, tandis qu'il détaillait à travers ses lunettes de soleil le corps alangui du beau Ryan, il l'imaginait supplicié, la poitrine enfoncée à coups de talon, le nez cassé, la mâchoire brisée formant un angle étrange sur l'épaule. Il détaillait ses mains fortes aux longs doigts déliés, et il les imaginait broyées, la peau déchiquetée, les ongles retournés, comme des serres d'oiseau mort. Il rêvait à son ventre plat, bleui par les coups, cisaillé de part et d'autre, les pointes de sein arrachées. Il fantasmait même sur son sexe, gluant de sang, petit morceau de barbaque insignifiant, déchet de steak craché sur le bord de l'assiette, bout de boyasse rouge vif dans une broussaille poisseuse. Kristopher eut comme un étourdissement... Ah oui ? C'était sa classe et sa décontraction que Cyndie trouvait irrésistibles ? Et transformé en tas de charpie sanglant, chiant sous lui, accroupi au fond de sa geôle parce que Chokri Benaoudid cherchait à lui faire sa peau, où elle serait, sa superbe ?! Une fois ce con démoli, dégommé, transformé en un outsider déchard et loqueteux, qui se chargerait d'organiser les vols de bagnoles ? Qui avait l'intelligence et le savoir-faire technologique des bagnoles dégueulant des dernières innovations électroniques et informatiques ? Lui, Kristopher ! Lui ! Personne d'autre que lui !... Jusqu'à présent, il était numéro deux en tout, en amour, en vol, en séduction. Mais une fois le numéro un explosé en plein vol, Cyndie allait voir ce qu'elle allait voir.

Une sensation de liquide chaud coulant sur sa main arracha Kristopher à sa sombre méditation. Sa paume était coincée entre les deux étais de bois de sa chaise longue dont l'un avait rompu. Sa chair tendre entre le pouce et l'index n'était qu'une bouillie sanguinolente. Mais il était tellement absorbé par sa réflexion haineuse qu'il en avait oublié la douleur. Il porta sa main meurtrie à la bouche et but un peu de son sang tiède et fade sans cesser de contempler le corps assoupi de son rival.

Il essaya cependant de calmer sa respiration et de reprendre ses esprits. Il ne fallait surtout pas calancher maintenant. Toute la nuit durant, entre la Slovénie et l'Italie, il avait médité son coup dans le détail. Il lui suffisait de voler un flingue dans l'armurerie itinérante du fourgon et de le planquer sous le siège conducteur de la Mercedes de Ryan. Puis, une fois tous arrivés à Nîmes, Kristopher n'avait qu'à se contenter de dénoncer la bagnole aux flics. Ryan allait être bon pour une garde à vue aux petits oignons, une comparution immédiate et peut-être un peu de taule pour port d'arme illégal. Rien de bien méchant, mais là-bas, à la maison d'arrêt, le frère de Mohamed avait déjà touché la moitié de ses cinq mille boules, et il enrageait de démolir la gueule de Ryan en guise de bizutage pour toucher le restant du gâteau...

Il jeta un dernier coup d'œil à ses deux compagnons. Ils semblaient tous dormir profondément. Il se redressa sans un bruit.

– Où tu vas? demanda d'une voix pâteuse Rambo en se redressant à demi sur sa chaise longue.

Kristopher déglutit :

– La pédale d'embrayage du C10 fait un drôle de bruit. Je vais vérifier le câble.

– ... Besoin d'aide?

– T'inquiète.

Le Manouche se retourna sur le côté et se mit à ronfler aussitôt. Kristopher se leva lentement, en silence. Il s'approcha du véhicule, le contourna lentement. Il entra par la porte coulissante du fourgon en prenant garde de ne pas la claquer. Il retira le tapis de caoutchouc qui cachait l'accès au faux plancher, fit sauter la porte de métal et en sortit un sac de sport. Il tira la glissière et fouilla dans les liasses d'euros et de dollars. Il sortit un HK4 sur la platine duquel était monté un canon de .380 ACP et il enclencha un chargeur. Alors qu'il s'apprêtait à refermer la cachette, il hésita quelques secondes en contemplant tout ce bon pognon. Les liasses attendaient là, patiemment, que Josépha les récupère et les redistribue au petit bonheur. Quelle conne ! jugea-t-il, et il rafla autant de liasses qu'il pouvait en dissimuler dans ses poches. Puis il s'empara de la boîte à outils qui traînait à l'arrière du véhicule, fourra l'arme au milieu des pinces croco et des tournevis et sortit avec la boîte à la main. Tandis qu'il se retournait pour refermer sans bruit la porte du fourgon, quelque chose attira son regard dans l'ombre de la véranda. Le Corse était sur le pas de porte de son restau et le dévisageait, bras croisés sur sa poitrine. Le cœur de Kristopher battit à tout rompre. Il fit comme s'il ne l'avait pas vu, contourna l'avant du véhicule, ouvrit la porte du conducteur et délocka le capot du C10. Puis, en essayant de toutes ses forces de ne pas regarder le Corse, il commença à inspecter le moteur. Quelques longues secondes s'égrenèrent. Il entendit alors le gravier crisser sous des pas dans son dos. Il jeta un coup d'œil par-dessus son épaule. Le Corse s'avançait jusqu'à lui, les mains dans les poches de son survêt. C'était un mec d'une cinquantaine d'années, un brun athlétique taillé en rugbyman qui lui prenait au moins une tête. Une larme bleue était grossièrement tatouée sur sa pommette gauche. Il mâchonnait un cure-dent en observant Kristopher par-derrière lui. Il montra le moteur de la pointe du menton.

– Un pépin ?

– Ouais, mais je suis garagiste, alors je vais m'en occuper.

Le Corse acquiesça mais resta campé derrière Kristopher. Ce dernier vérifia le niveau d'huile, tripota les durites. L'autre ne bougeait pas d'un poil. Le Corse cracha son cure-dent :

– Et c'est quoi, le problème ?

Kristopher se pencha pour prendre la boîte afin de la mettre hors de portée du Corse. Il se releva avec elle, mais elle heurta le bord du garde-boue, et le couvercle s'ouvrit. L'éclat métallique du canon emmanché au bout du flingue brilla une fraction de seconde. Kristopher claqua le rabat. Quand il se redressa, le Corse était en train de tapoter les bornes de la batterie :

– Faudra peut-être aussi les décrasser. Elles sont complètement oxydées.

Kristopher regarda fixement le petit dépôt verdâtre amassé autour des bornes. Il n'arrivait pas à dégoiser le moindre mot. L'autre grattouilla de la pointe d'un ongle une des deux bornes et lui pointa son index souillé sous le pif. Kristopher grogna un vague oui. Le Corse avait-il vu le HK4 ? Devant le silence lourd de Kristopher, le Corse flatta le garde-boue comme si c'était le flanc d'un cheval.

– Bon, je vais vérifier le café.

Le temps que le taulier mit à traverser la cour ombragée par le figuier parut à Kristopher durer une éternité. Il luttait pour conserver son calme, mais ses artères charriaient tellement d'adrénaline qu'il avait l'impression de s'être pris un shoot. Le Corse venait juste de disparaître dans le restaurant. Il jeta un coup d'œil derrière lui. Il observa ses deux camarades qui en écrasaient sévère. Il se mit à gamberger à pleins tubes. Et si le Corse avait vu le flingue ? Et s'il leur parlait ? Et s'il rentrait dans sa putain de cambuse pour donner un coup de téléphone aux flics ? Il songea que le Corse avait bien une gueule de taulard, et qu'il n'allait certainement pas le balancer aux keufs... D'un coup, Kristopher se chopa une parano sévère : un affranchi comme lui avait dû très vite calculer l'affaire. Trois mecs en goguette immatriculés à l'étranger, un fourgon et un flingue, cela voulait dire certainement un joli magot à la clef. Et sur les trois mecs, deux qui dormaient.

– Bon sang, jura Kristopher entre ses dents, cet enculé est

en train d'aller chercher un gun pour tous nous fumer, nous tchourer tout le pognon et nous enterrer dans la garrigue...

Il songea alors que le canon usiné pour envoyer du .380 ACP avait été monté sur la carcasse de l'HK4, et grâce à cela, il avait maintenant les mêmes vertus qu'un silencieux. Cet heureux hasard le remplit d'aise. D'un coup de pied, il ouvrit la boîte, s'empara du pistolet, le glissa sous sa veste de sport et s'engouffra dans la cuisine du restaurant.

***

Quand Kristopher revint à la cuisine, il se passa de l'eau sur le visage et jeta un coup d'œil par la fenêtre : Rambo et Ryan dormaient encore. La blessure à sa main droite le brûlait : la plaie à la saignée du pouce et de l'index occasionnée par la chaise longue s'était réouverte lorsqu'il avait fait feu. Il fit couler de l'eau froide dessus. Le sang perlait dès qu'il arrêtait. Il passa aux chiottes et s'inspecta avec le plus grand soin. Miraculeusement, aucune trace de lutte. Les vêtements étaient froissés, mais pas de sang ou de déchirure. Il sonda son propre visage. Pas de griffures, pas de coups. Il n'était même pas pâle. Il s'obligea à se regarder au fond des yeux. Rien. Il ne voyait rien. Il corrigea sa mèche qui lui retombait sur le front : il manquait de gel. Il songea à Cyndie qui lui en avait fait le reproche lors de leur première rencontre. Il sortit le calibre qu'il avait coincé dans sa ceinture. Le canon en était encore chaud et lui brûlait la cuisse. Il regarda son reflet, son sourire épanoui, plus net encore que celui de Ryan. Il se dit que cette putain de mèche qui le ruinait en gel, il ferait tout aussi bien de se la raser.

Il revint vers le C10. Les mecs continuaient d'en écraser. Combien de temps s'était-il absenté ? Cinq minutes, tout au plus. Il alla vers la Mercedes et planqua le HK4 encore tiède sous le siège du conducteur. Ce pauvre con de Ryan allait prendre cher, et pas pour une vague détention d'arme, mais pour homicide... Quinze ans sous les barreaux, ça allait rendre Cyndie un peu plus docile...

Quand il claqua le capot du camion, il le fit assez fort pour que les garçons soient arrachés de leur sommeil.

– Allez, les mecs ! Contrôle technique OK ! Et j'ai payé le Corse. On peut lever le camp.

La bande bâilla, se gratta la couenne, claqua du bec. Ryan s'étira comme un chat au soleil et rentra dans sa Merco. Il mit le contact.

Déjà Rambo faisait ronfler les soupapes du fourgon. Au moment de partir, il jeta un coup d'œil panoramique à la cour, au figuier, puis il appela Kristopher de la fenêtre et l'invita à le rejoindre. Arrivé à sa hauteur, le Gitan lui balança d'une voix douce :

– Toi, t'es vraiment un enculé.

L'autre sursauta.

– Quoi ?

– Alors comme ça, tu lui laisses toutes les chaises longues à rentrer ? Tiens, prends ma place, moi je vais les lui ranger dans l'abri de piscine.

– Non ! s'exclama Kristopher en le repoussant d'une main sur la poitrine.

Rambo regarda la main posée sur lui ; l'autre s'adoucit.

– Non, non, c'est pas la peine. Il m'a dit qu'il voulait les foutre en l'air, les bazarder... Elles commencent à se brayer. C'est des pourries. Même y en a une qui m'a pété sous le cul.

Et il montra sa main tuméfiée. Rambo leva un sourcil interrogateur, jeta un coup d'œil en direction du mas silencieux.

– Et lui, il vient pas nous saluer ?

– Il est quiché au niveau du timing. Il a une équipe de braconniers qui descendent d'une nuit d'affût et il doit leur préparer les piaules.

Le gros Gitan haussa les épaules :

– Dommage, je l'aime bien, lui…

Et il remonta la fenêtre de la camionnette. Kristopher soupira de soulagement. Il revint vers la Mercedes et s'installa à côté de son rival. Le gravier de la cour crissa sous les pneus du convoi.

– C'est bon, mon pote, annonça Ryan en tapotant sur le cadran de la pendule du tableau de bord, dans trois heures, tout est fini.

Tu crois pas si bien dire, pensa Kristopher.

***

Kristopher savait très bien que s'il signalait à la police nationale une Mercedes équipée d'une arme à son bord, en précisant que le véhicule stationnait dans un campement de Gitans, la flicaille allait doucement s'écraser et classer sans suite. On ne déclenche pas la reprise du fort de Douaumont deux fois dans le même siècle. Mais il savait aussi qu'ils étaient attendus chez le capitaine. Ce dernier avait reçu la livraison de trois moteurs de soixante-douze chevaux pour sa bélandre, et il fallait les gruter puis les placer à l'arrière de la salle des machines. Or il avait besoin de bras pour cela, et il avait invité les voyageurs à passer aux ateliers SNCF pour donner un coup de main. Ceux-ci avaient promis leur concours dans l'après-midi, et Kristopher avait jugé avec raison que c'était le moment idéal pour une intervention des flics : loin du campement et seul, Ryan n'allait pas fournir de résistance à son arrestation.

Une heure avant d'arriver, ils firent une pause pisse et Kristopher prétexta d'aller téléphoner à sa meuf pour s'isoler. Il composa le numéro des flics, balança Ryan, précisa le numéro de plaque de la Merco, annonça qu'ils pouvaient le poisser bientôt sur le parking des ateliers.

Kristopher raccrocha aussitôt. Un sourire mauvais éclaira sa face. Il se retourna et observa Ryan, qui fumait en discutant avec le gros Rambo. Les deux jeunes gens se mesurèrent un instant du regard et se saluèrent d'un bref hochement de menton. Le poisson était ferré.

***

Le capitaine Da Silva était un jeune mec, sportif et pétant de santé. Sa coupe militaire, son sweat à capuche et son treillis en faisaient un hybride entre le supporter du PSG, le membre d'un service d'ordre d'un groupuscule fasciste et le flic en civil. Il était d'ailleurs un peu des trois. Jeune trentenaire de son époque, il méprisait les livres et passait tout son temps libre sur les écrans, à surfer sur les sites et les pages perso des bandits et des demi-sel locaux. Kevin Da Silva s'était pris une remontée de bretelles fantastique par le président Burnier en raison du vol des pneus du ministre, et depuis il bouillait intérieurement. Dans la ville, ses informateurs ne parlaient que d'une bande, la bande à Ryan, qui éclusait toutes les caisses de la région et dont le chef mystérieux suscitait des vocations chaque jour. Qu'un indic mystérieux cherche à couler un prénommé Ryan, cela éveilla chez lui un fol espoir. Bien sûr, les Ryan, Rayann, et même Raillanne étaient assez nombreux chez les petites frappes interlopes, autant que les Kimberley chez les cagoles auxquelles ils s'accouplaient, mais avec un peu de chance… Le cœur battant, il se pencha par-dessus son bureau parfaitement rangé et appela dans le couloir la standardiste qui lui avait passé le jeune délateur.

– Ghislaine ! Vous avez pris le numéro de la petite balance ?

Une bonne femme dodue en uniforme passa sa tête dans l'embrasure de la porte, tendit le bras pour lui donner un Post-it. Kevin Da Silva pianota sur son ordinateur de bureau jusqu'à tomber sur un annuaire inversé des portables et obtint facilement l'identité de Kristopher. Il ouvrit ensuite Facebook pour surfer sur son compte bidon. Il se faisait passer pour Lolita69, *ambianceuse super girly pour fêtes privées et after*. En quelques secondes, le flic fut sur le profil du jeune délateur, et en moins de cinq minutes, il sut tout de la vie privée de Kristopher, ses amours, ses copains de boulot, son adresse, ses derniers achats, ses déplacements, ses goûts musicaux et ses plats favoris. Il observa sans sourciller les vidéos publiées lors de la dernière biture de Kristopher au mojito dans une boîte à putes entre Saint-Putois-de-Bouzille et Branlorgues. Il alla ensuite sur le fichier Stic où étaient répertoriés tous les antécédents de procédures pénales. Il entra les coordonnées de Kristopher. Ce dernier avait eu droit il y a quelques années à un rappel à l'ordre pour usage de cannabis et à un retrait de permis pour excès de vitesse, conduite avec portable, défaut de ceinture, et à une garde à vue en cellule de dégrisement.

Da Silva jeta un coup d'œil aux notes griffonnées par la fliquette au standard.

– Ghislaine, le nom de l'individu suspecté de port d'arme, c'est bien Ryan Moreau ?

– Affirmatif.

Penché sur sa machine, il renseigna « Ryan Moreau » en suivant les mêmes procédures. Les écrans défilèrent. C'était sensiblement le même profil. Il y avait même des photos de Moreau sur le site de Kristopher. La seule différence, c'était que Moreau n'était pas connu des services de police. Un puceau des tribunaux ou un mec particulièrement retors et finaud ? Il hésita un temps, tapotant du stylo sur le bord de son bureau. Des demi-sel ? Il surfa à nouveau sur les pages qu'il avait placées en favoris. Que de la bagnole chez l'un comme chez l'autre. Ces lascars pouvaient être des baltringues mordus de tuning, de l'ordinaire fretin seulement bon à griller les radars et faire des rodéos en zone commerciale. Ou alors... Il fit défiler à nouveau les pages... Ces deux mecs avaient des accointances avec pas mal de types de la tribu Patrac, des Gitans propriétaires d'une casse auto. Il revint sur la fiche Stic des deux Johnny, et constata que le grand frère était à l'ombre pour trafic de gros-culs... Da Silva sentit monter doucement l'adrénaline... Et si derrière le règlement de comptes piteux entre Moreau et sa balance, il allait pouvoir tomber sur la bande qui dévalisait toutes les bagnoles de la côte... Et si le petit Moreau était le chef de la bande à Ryan ?...

Un coup de fil l'arracha de sa rêverie. C'était le président Burnier, apoplectique, suffoquant, indigné, qui avait eu le ministre en direct et venait de recevoir une fessée déculottée et carabinée. L'humiliation qu'il avait endurée était inacceptable, et il fallait passer au plus vite à l'action.

– Au plus vite ! glapissait le politique, sinon des fusibles vont sauter, Da Silva, des fusibles ! En revanche, si vous faites diligence, vous aurez droit à votre barrette de commandant !

Da Silva raccrocha. Le grade de commandant... C'était bien du huit cents euros de plus par mois. De quoi se payer un appartement de rapport en métropole, puis demander sa mutation chez les sauvages et se la couler douce dans les colonies... Il songea aux vagues formidables de Nouvelle-Calédonie qu'enviaient tous les surfeurs du monde... On la surnommait l'île aux mille spots... Il ouvrit à nouveau la page d'accueil de Ryan Moreau et fit aller et venir le curseur sur la gueule d'ange de ce dernier :

– Le voilà mon billet pour Nouméa…

***

Cyndie s'épuisait sur une plaque sous le ventre de la péniche, un peu en avant du carénage de poupe. C'était la troisième fois qu'elle reprenait cette nervure mais il fallait déployer des trésors de délicatesse. De l'autre côté de la plaque passait la fine résille des tuyaux d'arrivée de fuel qui alimentait la bête en énergie. Si l'électrode s'attardait trop sur la zone, elle pénétrait comme dans du beurre, mordait dans la veine de fuel et risquait de provoquer plus tard une hémorragie du précieux combustible. Mais si elle soudait trop rapidement, les lèvres n'allaient pas être scellées assez bien, et cette fois-ci, ç'allait être l'eau de mer, à la moindre pression un peu trop forte, qui allait s'engouffrer dans la salle des machines. Jamais Cyndie ne s'était imaginé qu'elle tenait entre ses mains la destinée des voyageurs embarqués sur la péniche, mais maintenant, elle comprenait mieux la mise en garde de Jean : mal souder était plus grave encore qu'incendier une église, c'était condamner des innocents par la noyade ou par le feu à bord.

La jeune fille était à plat dos, à trois mètres du sol, tenant la position en bandant ses abdominaux, suant sang et eau, pestant et vociférant sous son casque. Elle n'avait pas assez de distance pour souder convenablement, et ses bras pliés tout près de sa poitrine comprimaient sa respiration. Elle haletait comme un petit chien, n'en pouvant plus. Le sel de la sueur qui gouttait dans ses yeux les brûlait; elle n'y voyait presque plus et ne savait plus si elle sanglotait de douleur ou de rage. En contrebas, Jean ne manquait rien de l'opération : il s'était levé de sa petite chaise en fer où il avait posé son

Homère et boitillait d'un bout à l'autre de l'échafaudage, l'invitant à cesser, puis à reprendre, à redémarrer puis à s'arrêter. Tantôt il lui conseillait d'y aller franchement, l'arc éclaboussant et mordant la tôle, tantôt d'à peine effleurer la nervure centrale. Il s'énervait à son tour, moulinait l'air de sa canne, s'emportait, geignait, grondait. Il suffisait pourtant de tirer une ligne, plus qu'une courte ligne, qui allait faire la jointure entre deux soudures majeures, une fine ligne de quelques millimètres seulement qui allait souder deux lèvres fines sur la longueur d'une main. Ce n'était rien d'autre qu'un tracé de feu blanc et incandescent de quelques centimètres le long de deux lèvres boursouflées, mais il fallait l'accomplir d'un seul geste, à distance constante de la surface, comme une sorte de caresse qui n'ose pas même frôler la peau et se contente d'en évoquer la courbe. Mais de là où il était Jean ne pouvait plus guider la main de la jeune fille.

– Jean, je sais plus quoi faire…

Elle éteignit le poste, bascula son casque sur l'arrière et s'abandonna sur le dos. Ses abdominaux douloureux n'en pouvaient plus. Jean s'effondra à son tour sur sa chaise. Elle entendit qu'il haletait aussi douloureusement qu'elle. Elle posa avec précaution sa main gauche sur la panse ventrue et tiède du gros animal.

– Dis-moi quelque chose, implora-t-elle.

Le vieux haussa les épaules. Il était là, assis, aussi impuissant qu'elle, et il secoua la tête de dépit. Elle se sentait lasse, fatiguée, épuisée. Elle avait besoin de Ryan, aussi, et éprouvait douloureusement son absence. Mais son amant était parti avec Rambo et Kristopher pour la Croatie, et elle devait patienter plusieurs jours encore avant son retour. En attendant, elle ne devait compter que sur elle-même. Alors elle prit une grande inspiration, devenant son corps, devenant sa main. Elle sut qu'elle pouvait devenir le tungstène en fusion, le métal amolli, les lèvres qui s'unissaient, la goutte de rosée ardente qui liait tout ensemble. Il suffisait d'un geste pour accéder à cette plénitude...

Alors elle ralluma le poste, reprit l'électrode, et d'un seul tenant, comme on ferme une plaie ou comme on ouvre une brèche, elle traça le trait, le trait impeccable, tenant la main à la juste distance du ventre de métal, léchant de l'arc d'argent liquide les lèvres closes, et les ouvrant à peine, juste ce qu'il fallait pour obturer ensuite la faille et réparer la surface.

Quand elle redescendit de l'échafaudage, Jean regardait avec intensité son bleu de chauffe. Il montra de sa canne l'entrejambe de la jeune fille. Cendrillon posa une main sur sa cuisse. Elle sentit dans le tissu rêche une coulure tiède.

– C'est rien, dit-elle en souriant. C'est mes règles qui reviennent.

***

Kristopher jeta un coup d'œil de contentement à la pancarte d'entrée de la ville de Nîmes. Il s'alluma une clope, ouvrit la fenêtre et huma l'air frais du dehors. Ryan était au volant ; l'autoradio égrenait des accords cuivrés d'une fanfare des Balkans. Il jeta un coup d'œil dans le rétro. Le gros Rambo conduisait le fourgon juste derrière eux. Il contint un sourire : savait-il seulement qu'il était allégé de trente mille euros, son moulin, et d'une pétoire qui attendait sagement sous le siège de Ryan que les flics viennent la cueillir ? Il était grisé et dégustait sa victoire imminente. Soudain, le téléphone de Ryan se mit à retentir. Sans cesser de conduire, ce dernier décrocha. Il se contenta d'écouter. Au fur et à mesure des secondes qui s'égrenaient, son visage s'illumina. Lorsqu'il raccrocha, il libéra les gaz et fit ronfler les turbines.

– Le ventre à Cyndie s'est remis en route la semaine dernière.

Puis après un silence :

– Tu voudras bien être le parrain de notre fille ?

Le visage de Kristopher se colora vivement :

– Non ! rétorqua-t-il avec brusquerie.

Il se calma devant le regard inquiet de Ryan :

– Je veux dire… Non… C'est Rambo qui doit l'être.

– Oui, rectifia Ryan, t'as raison, c'est Rambo.

Mais la violente réaction de son camarade l'avait secoué et la fin du voyage fut entachée d'une gêne palpable entre les deux hommes.

***

Quand les trois voyageurs arrivèrent dans la cour de l'atelier, Cyndie alla au-devant d'eux en courant. Elle cherchait dans les silhouettes celle de Ryan pour se précipiter dans ses bras, l'embrasser, sentir son odeur de sueur et de tabac blond. Mais elle fut stoppée dans son élan par Kristopher, qui était là, avec lui, sortant de la même voiture. Tétanisée, immobile dans la cour, elle le laissa venir à sa hauteur. Ryan était un peu en retrait, occupé de farfouiller dans la boîte à gants.

Arrivé à la hauteur de la jeune fille, Kristopher murmura entre ses dents :

– Ce connard va pas rester longtemps entre nous deux.

Elle rétorqua de la même manière :

– Kristopher, t'as rien compris ?! Maintenant, tout est fini.

– Pauvre cloche, ça va juste commencer.

Il décarra en direction de l'atelier. Ryan venait de sortir de la bagnole, un bouquin à la main. Cyndie se jeta entre ses bras. Basculant presque contre la carrosserie, il manqua de chavirer. Les deux se mirent à rire, leurs mains couraient sur leur corps à la recherche des vieilles habitudes. Le capitaine les héla de l'entrée de l'atelier :

– Eh la jeunesse, la fantaisie ce sera pour plus tard. Il y a du boulot pour vous.

Ryan s'excusa auprès d'elle en montrant le cadeau destiné au capitaine qu'il avait extirpé de la boîte à gants :

– Si j'avais su, c'est à toi que j'aurais fait une surprise.

Elle jeta un vague coup d'œil à la tranche :

– Encore une édition d'Homère?

– Avec des crobards à la plume, comme dans l'ancien temps.

Elle pouffa :

– Tu parles, le vieux birbe, déjà que trop ça le fait chier, les mangas.

Le vieux birbe ne se fit pas chier à feuilleter d'une main tremblante l'édition illustrée de Decaris dont il n'existait que cent quarante exemplaires au monde. Il remercia confusément Ryan qui effaça l'embarras du marinier d'un revers de la main :

– Bon, chef, c'est pas tout ça. On est venus pour taffer. Où elle est, la bête à treuiller?

Jean posa religieusement l'ouvrage sur la chaise en fer où il s'asseyait pour coordonner les travaux, puis il conduisit la bande à l'arrière de la bélandre. Les trois moteurs étaient gros comme des veaux. Il fallait les tirer l'un après l'autre jusqu'au ventre de la péniche, puis les haler jusqu'à une hauteur de six mètres pour ensuite les descendre par-dessus le bastingage dans la salle des machines. Un homme seul n'avait pas assez de force pour hisser le monstre; aussi, ils devaient s'y mettre à deux. Rambo, quant à lui, accompagnait le moteur dans sa montée, escaladant l'échafaudage d'une main, et cherchant à retenir la lourde pièce de métal de l'autre, afin qu'elle n'aille pas se coincer dans les tubulures. Les deux jeunes hommes tombèrent les liquettes. Ils se positionnèrent flanc contre flanc, les jambes bien écartées, les jarrets tendus, attendant le feu vert de Rambo qui escaladait les tubes de l'échafaudage. Ryan saisit la chaîne à pleines mains et la noua à la saignée de son coude puis autour de ses hanches.

– C'est con, commenta Kristopher, si le moteur échappe, t'es tout ligoté, tu pars la gueule en avant t'écraser contre le bateau.

– Ça peut pas arriver, répondit l'autre laconiquement.

– Et pourquoi ?

– Parce que tu tiendras l'autre bout de toutes tes forces et que tu me sauveras la vie.

Kristopher n'eut pas le temps de réagir que le capitaine hurla un « ho hisse » à démater toute la marine anglaise. Les deux jeunes hommes se mirent à l'ouvrage, donnant tout leur feu pour lever le mastodonte de métal. Bientôt il entreprit son ascension, oscillant faiblement, tournant doucement sur lui-même.

– Faites gaffe, les garçons, mit en garde le capitaine, vous y allez fort au début, et vous ne vous écoutez pas !... Kristopher, aligne-toi sur le mouvement de Ryan, et ne cherche pas à aller plus rapidement que lui.

L'œil entraîné de Jean Jacques avait en effet repéré combien Kristopher allait trop vite à la manœuvre. Dès que Ryan levait les bras pour aller chercher haut la chaîne et qu'il assurait sa prise sur les maillons, Kristopher, en grondant et sans l'attendre, tirait vers le bas de toutes ses forces, devançant son partenaire et gagnant à chaque fois un bon demi-mètre sur lui. Ils étaient trop dans l'effort pour parler, mais le regard de Ryan en disait long. Il était brûlant d'incompréhension et d'affolement. À aller trop vite, ils risquaient gros. Déjà le moteur était monté de deux bons mètres à grands coups de saccades qui le faisaient basculer dangereusement ; et Rambo avait beau se démener, il ne parvenait pas à calmer ses soubresauts. Cyndie, qui jusqu'à présent s'était mise en retrait, avançait à pas lents, comme hypnotisée par la scène. Son regard allait d'un homme à l'autre, courant sur leur poitrine qui se levait et s'abaissait comme deux soufflets de forge, sur les bras noueux et gonflés qui enserraient la chaîne, sur leurs yeux rougis par l'effort, comme ceux de chevaux lancés à pleine course, leurs hanches puissantes et nerveuses, balancées à l'avant du corps pour retenir la masse de métal. L'un et l'autre ne la quittaient pas du regard. La jeune fille sursauta alors en comprenant tout. L'enjeu de cette lutte n'était pas le moteur.

Le vieux Jean Jacques moulinait de sa canne par-dessus sa tête en beuglant des chapelets d'injures.

– Mais bon sang de bois, appliquez-vous ensemble ! Vous allez taper l'hélice sur le carénage !

Rambo lui aussi torse nu, le pelage de sanglier en bataille, soufflant, suant, éructant, était arc-bouté contre l'énorme moteur qui oscillait au bout du palan. Il était au bord de l'échafaudage qui prenait des allures de Notre-Dame de Paris, et lui-même, tordu, énorme et au bord de l'apoplexie, noir comme un ours, il aurait pu piquer la vedette à Anthony Quinn. Il luttait à bras-le-corps contre le moteur, presque aussi gros que lui, cherchait à le faire pivoter au bout des chaînes où il était pendu. Les lames des hélices s'approchaient dangereusement de sa couenne.

– Mais putain les mecs, levez ! Levez ! glapissait-il en esquivant les lames mortelles.

Cyndie entra alors dans la danse des injures. Elle tournait autour des deux jeunes hommes qui tiraient de toutes leurs forces sur les chaînes pour lever la masse énorme du moteur, mais ses encouragements étaient crachés comme des jets de venin :

– Mais putain, vous êtes des coqs ou des hommes ! Arrêtez de vous chercher ! Arrêtez !

Ryan et Kristopher, côte à côte, nus jusqu'à la ceinture, halaient les deux énormes chaînes d'acier en empoignant à pleines mains les maillons cliquetant. Leurs jeunes muscles roulaient sous les peaux rougies par l'effort, leurs poitrines se gonflaient, rendant leurs hanches plus étroites encore, les veines saillaient, la sueur coulait de leur front, ruisselait sur leur torse, leurs cernes s'agrandissaient et maintenant, ils respiraient par la bouche, haletant, mouillant leurs lèvres séchées et brûlantes.

– Inconscients ! Tirez ensemble ! gronda Jean Jacques. Soyez au même rythme !

Là-haut, le Manouche repoussait le moteur qui avançait et reculait comme un monstrueux pendule. C'était comme un entraînement de boxe au ralenti, mais le sac de frappe était en acier et pesait deux cents kilos, et si le boxeur à mains nues recevait le coup, il lui ouvrait le ventre et tombait du ring six mètres en contrebas. D'une voix blanche, Rambo se mit à crier :

– Il prend du ballant ! Il prend du ballant !

Le moteur fonça sur lui. Le Gitan se jeta contre le ventre de la péniche à son passage et la masse de métal tournoyante lancée à pleine vitesse le rata de peu. Il voulut se rétablir. Un de ses talons dérapa de l'échafaudage. Il battit des bras dans l'air, chancelant dans le vide. Cyndie poussa un cri d'horreur. Mais le Manouche, rapide et habile comme un singe, s'agrippa à un tube d'acier in extremis. Il volta dans l'espace, en appui sur un pied, et retomba prestement sur la passerelle. Un sourire triomphal éclaira sa face hilare et il partit d'un bon rire d'enfant.

– Attention !

Jean Jacques hurlait en montrant le moteur. Ainsi placé, Rambo ne voyait pas arriver dans son dos l'énorme pendule prenant toujours plus de vitesse qui revenait sur lui. S'il était percuté, il allait être écrasé contre la paroi d'acier de la péniche.

Le déséquilibre fut tel que la chaîne échappa des mains de Kristopher, et Ryan, emmailloté dans l'entrelacs de maillons, fut propulsé vers l'avant. Le moteur continua sur sa trajectoire mortelle, passa tout près de la tête de Rambo et s'en alla défoncer la passerelle de planches un peu plus haut où il s'enficha dans un terrible fracas. Ryan percuta de plein fouet la coque du navire. Cyndie poussa un cri perçant et courut sur lui. Il se releva difficilement, se tenant les côtes, prenant appui sur l'épaule de la jeune fille.

On n'entendait plus que le grincement des chaînes. Ryan et Kristopher se fixaient en silence, la pupille dilatée, poings serrés, respiration bruyante. Ils avancèrent l'un contre l'autre.

– Il suffit ! tonna Jean Jacques, séparez-vous et allez vous calmer ailleurs ! Toi, fit-il à l'adresse de Ryan, il est hors de question que tu rentres à la casse auto dans cet état. Tu vas rester ici te prendre une douche et te calmer. Et toi, Rambo, tu raccompagnes Kristopher au campement !

Kristopher ricana :

– Ça me va.

Il récupéra son tee-shirt et mit les bouts avec Rambo au volant du C10.

– Et toi, Cyndie, continua le capitaine, tu me raccompagnes Ryan dans la péniche, tu lui montres les sanitaires et tu lui donnes une serviette propre.

***

Jean se leva et referma soigneusement l'édition d'Homère de 1953. Il arpenta sur quelques mètres le flanc de la bélandre et inspecta les mandrins et les poutres. L'échafaudage rassemblé autour de la panse de la péniche assurait à cette dernière un fragile équilibre sur sa quille. Il tapota les pièces de cette charpente mobile du bout de sa canne, puis il saisit tout le ridicule de son initiative. Certes, les retrouvailles entre ces deux tourtereaux pleins de vigueur allaient être pleines d'allant, mais de là à… Tout émoustillé par des images salaces, il secoua la tête de sa propre bêtise et s'en revint à sa chaise. C'est là qu'il les vit.

Trois silhouettes se découpaient à l'entrée du hangar, en uniforme, pistolet au ceinturon et main posée sur la crosse de l'arme. Un homme sportif aux chevrons de capitaine apparut à son tour et s'avança à la hauteur de Jean.

– Bonjour monsieur Da Silva, le salua-t-il en lisant le nom brodé.

– Capitaine, rectifia l'autre en tapotant son grade à l'épaulette.

– Heureux de parler à un égal, rétorqua malicieusement Jean en levant l'index à hauteur de sa casquette.

L'autre tordit du nez :

– Ryan Moreau ? demanda-t-il.

– 'Faites erreur, répondit Jean Jacques en parlant de plus en plus fort afin que les jeunes gens dans la péniche l'entendent, 'faites erreur ! Je suis Jean Jacques. Jean Jacques tout court. Et pas Rousseau. Rousseau, ça vous dit quelque chose, capitaine ?

– Si vous le prenez comme ça, constata sobrement Da Silva.

Il fit alors un signe de main. Trois ou quatre autres balaises pénétrèrent dans le hangar avec des dégaines de Texas Rangers espérant un nouveau fort Alamo. Da Silva avança en direction de la bélandre, repoussant le marinier avec rudesse. Jean Jacques chancela, faillit tomber puis se dressa de toute sa haute stature, campé sur sa canne, la moustache pointée vers les cieux, sa trogne toute couperosée de colère. Il vissa sa casquette de capitaine de marine marchande sur ses cheveux blancs et martela, les yeux tout brasillants de colère :

– Je ne vous permets pas de telles manières dans un chantier naval ! Ici, je suis seul maître après Dieu !

– Hey l'ancêtre, on va pas faire de scandale ou engager une procédure d'outrage, pas vrai ? Alors asseyez-vous là, plutôt, et laissez-moi faire mon job proprement.

Da Silva posa une main sur l'épaule du marinier et appuya fermement. Jean grimaça, résista mais s'écrasa sur sa chaise en ayant juste le temps de retirer le livre qui y reposait. Goguenard, le flic le lui prit et le secoua du bout des doigts. Son regard courut sur quelques lignes. Il lut à voix haute :

... ceux d'Argos, ayant incendié leurs tentes, s'éloignaient sur les bancs de leur flotte ; mais déjà aux côtés du glorieux Ulysse, les chefs étaient à Troie, cachés dans le cheval que les Troyens avaient tiré sur l'Acropole.

– Qu'est-ce que c'est que ces sombres conneries ?...

L'autre souffla dans ses moustaches :

– Avant qu'Ulysse et ses compagnons se soient cachés dans le cheval de Troie, ils ont brûlé leur campement et fait disparaître leurs navires. Ainsi, les Troyens ont cru que les Grecs avaient levé l'ancre et s'étaient enfuis.

Da Silva eut un petit rire méprisant. Il secoua la tête de dépit quand son regard fut attiré par la plaque de métal où était gravé le nom du vaisseau. Il lut à voix haute.

– *Le Cheval de Troie*.

Puis il railla le vieillard :

– Je comprends vraiment pas comment on peut s'intéresser à la littérature.

– Et moi, je ne comprends vraiment pas comment on peut être flic.

Da Silva plissa les paupières. Les deux hommes se jaugèrent du regard. Da Silva aboya :

– Vérification d'identité pour le vieux croquant ! et vous autres, fouillez-moi ce rafiot. Moreau est planqué dedans.

En un clin d'œil, les schmits escaladèrent les passerelles et dégringolèrent dans les cales. Ils eurent tôt fait de saisir les amants à demi vêtus qui s'étaient réfugiés dans la salle des machines. Ils isolèrent d'abord Cyndie, à peine ceinte d'une serviette de bain. Une vache à peau bleue entreprit de l'attraper au collet pour la séparer de Ryan. Elle le mordit au bras jusqu'à ce qu'il lâche. Pendant ce temps, un autre la ceintura. Ryan le roua de coups ; il abandonna Cyndie pour riposter. Deux autres flics en profitèrent pour la dégager dans le couloir et la projeter au sol. Le premier qui se jeta sur elle eut droit à une vigoureuse remontée de glaouis à coups de pompe, mais le second réussit à lui passer les menottes. Pendant ce temps-là, Ryan avait été repoussé à trois contre un au milieu des machines. Il était comme un fauve, couvrant de malédictions les poulets, distribuant des mornifles sévères. On sortit les matraques. Il se saisit d'un long tube d'acier et s'en servit comme d'une batte contre les tonfas des flics. Il s'enfonçait toujours plus loin au ventre des machines. L'huile et le cambouis le rendaient insaisissable, échappant aux prises. Bientôt, acculé entre les moteurs de soixante-douze chevaux, il ne put plus échapper à la nasse. On le gaza à distance. Il s'étouffa dans ses larmes et ses vomissements. Les flics lui sautèrent à cinq dessus. Da Silva lui arracha son tube d'acier et l'abattit sur ses reins à deux reprises.

– Tiens, enculé, ça c'est pour le ministre ! Et ça pour le président Burnier !

Il jeta le tube au loin et s'essuya les mains. Puis il attrapa la mâchoire de Ryan dans sa main et lui cracha au visage :

– Tu vas dérouiller, petite salope, et tout m'avouer sur ce putain de réseau de voleurs !

***

Ils sortirent le corps inanimé, luisant de cambouis et de sang et le firent passer devant Cyndie que retenait Jean Jacques.

– Me le prenez pas ! hurlait la petite en pleurant. Me le prenez pas maintenant !

La nuée de flics disparut dans un hululement de sirènes. Cyndie tomba à genoux, la serviette couvrant tout son corps secoué de sanglots et rabattue sur son visage.

– Me le prenez pas maintenant, murmurait-elle, qu'il m'a fait le bébé.

CINQUIÈME PARTIE

Motivation au travail d'équipe

La profession de voleurs n'existerait pas, en tant que profession, si les malheureux contre lesquels la justice a sévi une fois n'étaient pas honnis, vilipendés, maltraités ; la société les contraint à se rassembler : elle crée leur réunion, leurs mœurs, leur volonté et leur force.

Eugène-François Vidocq, *Mémoires*

– Mais où tu vas dormir alors ?

Elle renifla à gros bouillons :

– … Sais pas… Mais j'ai peur toute seule dans la caravane, maintenant qu'il est plus là.

Le vieil armateur secoua la tête et poussa un long soupir à briser le cœur. Il montra de la pointe de la canne la péniche sur cales :

– Bon, ben… tu dormiras là en attendant.

Cyndie leva la tête qu'elle avait enfouie dans son coude. À travers les larmes, son regard s'illumina :

– Pour de vrai ?

– J'ai ma carrée au fond… Bon, ce n'est pas le confort bourgeois, mais pour dépanner, ça devrait aller.

– Et vous, vous allez dormir où ?

– J'ai de bonnes amies en ville, affirma-t-il en gonflant du poitrail, qui seraient fort heureuses que je revienne à terre.

Ainsi Cyndie put-elle se réfugier au ventre du *Cheval de Troie*. La chambrette était exiguë et il fallait y entrer en se voûtant si on ne voulait pas laisser un peu de cuir chevelu aux poutrelles du plafond. Là, niché dans les profondeurs chaudes de la grosse bête, il y avait un petit lit à plat-bord en bois, enfoui sous les oreillers, les couettes et les édredons. Les murs étaient recouverts d'étagères surchargées de livres dépareillés. Cyndie effleurait d'une main respectueuse les tranches des volumes.

– Ouahhh, admira-t-elle, j'ai jamais vu autant de bouquins dans aussi peu de place. Les histoires doivent s'emmêler, tellement elles sont serrées les unes sur les autres, pas vrai?

Jean rit doucement.

– Six mille ans sur six mètres carrés. C'est ma recette d'éternité.

La jeune fille, agenouillée sur le lit, s'absorbait dans la contemplation des alignements de cuirs rehaussés d'or, des couvertures cartonnées centenaires ou des dos cassés et recollés à la va-vite. Elle montra à l'armateur les cartes de la Méditerranée punaisées au flanc de la cellule.

– Et ça? Qu'est-ce que c'est?

En réglant la lampe tempête, Jean répondit :

– Le périple d'Ulysse. Selon Bérard...

– Alors il a vraiment existé? demanda dans un souffle la jeune fille.

Elle contemplait les cartes de formats et de couleurs différents, les trajets au crayon rouge ou à la plume noire que Jeannot avait soigneusement annotés de signes hiéroglyphiques auxquels elle n'entendait goutte.

– Pour y aller, je compte gruter la bélandre par convoi extraordinaire jusqu'au Grau-du-Roi, puis, une fois dans la Grande Bleue, je rallie Hissarlik en Turquie – c'est l'actuelle Troie – par cabotage pendant mille sept cents milles nautiques. Sans forcer sur les moteurs du *Cheval de Troie*, on peut traverser les Dardanelles et atteindre la Troiade en un mois.

– La Troiade?

Le vieux marin pointa un point de la côte turque sur une carte défraîchie. Elle était ornée de reproductions de daguerréotypes où des citoyens britanniques à moustaches affreusement sérieux prenaient la pose en short au milieu de ruines de murailles mycéniennes. Cyndie se pencha sur les photographies et fronça du nez.

– C'est dingue, s'exclama-t-elle en pointant un des vieux birbes en casque colonial, on dirait vous !?

Il sourit mystérieusement, et continua d'expliquer :

– C'est de là que tout commence. Nous mettrons nos hélices dans le blanc sillon laissé par les rames des compagnons d'Ulysse.

– Vous voulez dire que…

– Oui, fit-il dans un sourire. Nous traverserons d'abord le petit bout de mer Égée qui nous sépare de la Thessalonique pour rallier la côte de Thrace, là où il pilla Ismara, puis nous nous élancerons à travers les plaines infertiles de la mer, mettant le cap au sud, contournant le cap Malée – qui ressemble vu de l'est à une hure de sanglier – et reprenant ainsi l'errance terrible qu'il endura avec ses douze navires, malmené qu'il était par un indicible ouragan qui couvrit de nuages à la fois la terre et la mer…

– C'était une tempête ? demanda Cyndie en suivant du regard le doigt du vieil homme.

Celui-ci avait traversé toute la carte du nord au sud d'une seule traite pour s'arrêter sur les rivages libyens.

– C'est le vent de Borée, commenta l'ancien. Il nous fera dépasser Cythère et atteindre les rivages des Syrtes. Nous mouillerons là-bas, nous aussi, sur l'île de Djerba, et nous y mangerons le lotus avec des peuples qui ne connaissent ni les lois ni l'argent.

– C'est cool.

– Pas tant que cela, rétorqua le vieux marinier. Car nous n'aurons rien à échanger avec eux, ni coutume ni richesse. C'est pourquoi nous remonterons ensuite vers le nord, cap vers le golfe de Naples, où nous chercherons, dans l'écho du vent porté dans les champs Phlégréens, les imprécations que le Cyclope adressa à Ulysse, et le cri de défi de l'homme en réponse.

– Personne ? demanda Cyndie qui se souvint soudain d'une lecture.

– Personne, confirma Jean. L'histoire, Cendrillon, peut commencer parce qu'il n'y a plus de héros. Il faudra t'en souvenir, ma chérie. Homère raconte une absence. Une absence à soi.

La jeune fille devint soudainement grave. Son front se plissa et elle s'assit lentement sur la couche, sans quitter des yeux la carte.

– Continuez de raconter, demanda-t-elle.

Jean ne se fit pas prier. Il s'éclaircit la voix, rectifia la position de sa canne et reprit d'une voix sonore :

– De là, nous passerons dans l'archipel des Lipari, contournerons le Stromboli, attentifs aux vents libérés par Éole. Puis nous rallierons Porto Pozzo, sur la côte sarde des bouches de Bonifacio, sur la côte nord-est de la Sicile, où Ulysse et ses compagnons durent battre en retraite face aux géants cannibales et leur reine effroyable. Ensuite nous rallierons l'embouchure du Tibre, longeant la plaine immense des marais pontins et la grande lagune aux eaux dormantes qui abandonne la chevelure éparse de ses canaux au pied du Monte Circeo. Ici, nous aurons une pensée en mémoire des marins que le malheureux capitaine dut abandonner, métamorphosés en bêtes fauves.

Soit qu'il fatiguât, soit que l'état rêveur dans lequel était Cyndie commençât à le toucher, Jean Jacques éprouva à son tour la nécessité de s'asseoir sur le mol édredon. Il tassa les coussins autour de lui et reprit, d'une voix plus lente encore. La lumière tremblante de la lampe tempête les nimbait d'une lueur dorée et donnait à leur peau l'éclat du bronze poli ;

les cartes paraissaient palpiter aux murs de la petite cabine, comme des très vieilles peaux vivantes, se gonflant doucement au rythme de respirations songeuses, parcheminées de rides et de veines.

– Mais nous ne quitterons pas Naples et son golfe, car il nous faudra errer à la nuit sur les rivages du lac Averne afin d'y saisir, peut-être, sous la lune, la barque du nautonier des morts. Nous l'interrogerons sur ceux-là qui nous suivent sans bruit, glissent leurs pas dans les nôtres mais qui un jour nous dépasseront, et ce jour-là sera celui de notre trépas. Si Hadès ne nous veut pas encore, alors nous repartirons le lendemain pour la presqu'île de Sorrente, et nous longerons la côte tyrrhénienne, car une grotte y est visible seulement de la mer, où sont fossilisés des ossements.

– Qui est mort, là ?

– L'une des deux sirènes qui voulurent séduire Ulysse. Elle se jeta dans l'à-pic de dépit amoureux. Les pêcheurs romains lui rendirent un culte longtemps. Je suppose que son fantôme chante encore…

Il revint à Cyndie l'image de sa mère en équilibre sur le pont de l'autoroute, avant qu'elle ne mît fin à tout. Elle jeta un coup d'œil dans la cabine, espérant et redoutant y trouver la présence consolante de son père. Mais depuis le retour de ses règles, il ne venait plus la visiter, et il y avait aux murs trop de livres pour que d'autres morts viennent encombrer les vivants.

– Nous ne sommes pas encore faits pour la mort, gronda Cyndie. Plus loin ! ordonna-t-elle presque au vieil homme.

– Tu as raison, se ressaisit-il. Alors, nous descendrons plein sud, prenant garde, entre l'Italie et la Sicile, à Charybde et Scylla ; nous ferons de l'eau chez Hélios et ses filles, avant de nous rendre aux colonnes occidentales du monde, au pied du mont Atlas. Là, nous mouillerons à Gibraltar et nous irons jusqu'à la caverne pour y lire ensemble le chant V devant les quatre sources et la nymphée.

– C'est là qu'était Calypso ?

– En effet. Nul ne sait rien d'elle, sinon qu'elle promit l'éternité divine à Ulysse, et qu'il refusa, préférant la vie précaire des hommes. Enfin, nous retraverserons toute la Méditerranée, du couchant au levant, pour atteindre la plage où Nausicaa et ses servantes nous attendront. Avec elles, nous remonterons la petite rivière longeant le chemin le long de la grève. Corfou n'est pas loin, sur la côte orientale de l'île, à peine plus que Paléokastritsa ne l'est d'Ermones. Tu verras, au détour d'un virage, on surplombe le chenal entre la mer Ionienne et l'Adriatique par le détroit d'Otrante, face à la Thesprotie. Tu devras avancer de quelques pas encore, et le temple d'Apollon t'attendra. C'est ici, dans le palais des Phéaciens, qu'Ulysse qui n'était plus personne et n'avait plus rien à lui, ni bien ni ami, se vit raconter son histoire par le poète engagé par le roi.

– Un poète, répéta-t-elle songeuse.

Le vieil armateur continuait :

– C'est cela qu'il fallait à Ulysse, quelques vers, une scansion et une mélodie – et qu'importe le sens pourvu qu'il y ait la musique – pour qu'il retrouve enfin le chemin vers lui-même.

Elle s'arracha de leur rêverie commune :

– On sera bientôt revenus ?

– Alors oui, seulement, tu pourras achever le retour à Ithaque. Tu prendras par Steno Ithakis, luttant contre le vent qui couronne d'écume la mer couleur de vin et ses flots pourpres, puis tu cingleras à vive allure vers la côte de Céphalonie pour atteindre au port de Saint-André. Alors oui, seulement, tu pourras achever le retour à Ithaque.

***

Ryan est conduit au chef, qui lui explique qu'il n'y aura pas de problème s'il n'en cause pas. Il promet que non. Le chef lui souhaite bon courage. Ryan le remercie, hésite à lui serrer la main, mais c'est inutile, l'autre est déjà parti. Puis un surveillant lui ordonne de le suivre. Il passe dans un autre bureau, devant un autre chef. C'est une femme, cette fois-ci. Elle lui tient un discours sans le regarder dans les yeux, en vérifiant des informations sur l'écran de son ordinateur, et en se plaignant – de lui ou de l'informatique, il ne sait pas. Lui, il n'écoute plus. Il a l'impression de s'effondrer à l'intérieur de lui-même. Tout lui parvient du dehors à travers une couche d'ouate épaisse. Les mots n'ont plus de sens et deviennent des bruits. Il y est attentif pourtant, parce qu'il sent, à travers eux, l'intention de celui qui parle. Chez tous, une sorte de froide bonhomie. Il comprend pourquoi : il est traité comme un enfant. Mais un enfant illégitime. Un bâtard. Un enfant auquel on ne veut pas s'attacher. Un surveillant lui ordonne de le suivre. Il salue la dame et la remercie. Elle pince ses lèvres. Il remarque que les rides autour de ses lèvres peintes sont imbibées de la couleur du rouge à lèvres. Un surveillant lui ordonne de le suivre. On le dirige ensuite vers un autre bureau où il rencontre une assistante sociale. C'est une femme grosse à la peau huileuse. Elle a chaud. La cloison qui le sépare du bureau d'à côté est si fine qu'il entend la voix d'un autre prévenu, qui raconte son addiction à l'héroïne. Ryan se met à murmurer du bout des lèvres, plié sur la table, sa peur panique, pour lui et pour sa femme. Il n'entend pas ce qu'il confesse, les mots coulent d'eux-mêmes. Son débit est haché. Il se rend compte qu'il pleure. Il a le nez qui coule comme une fontaine. La femme lui offre des mouchoirs en papier. Il ne sait plus quoi dire.

Alors son ventre se tord et gargouille et le vacarme est remarqué par la grosse femme. Il a honte. Il ne s'est pas lavé depuis plusieurs jours. Il se met à parler pour couvrir le bruit de sa tripaille. Pendant qu'il parle, il se rend compte qu'il n'a pas changé de linge de corps depuis la garde à vue. Il sent mauvais. Elle lui annonce qu'elle va téléphoner pour lui à sa famille. Elle lui dit au revoir. Un surveillant lui ordonne de le suivre. On le mène jusqu'à un petit placard avec une porte devant et une derrière.

– Déshabillez-vous là-dedans et laissez vos vêtements.

Il s'exécute. Cache son slip maculé de traces de merde sous le tas de vêtements. De l'autre côté, c'est une visite médicale complète et une radiographie des poumons. On le pousse, on le déplace. Des mains gantées de latex et froides sur son corps. C'est fait.

– Rhabillez-vous.

Déjà, un homme nu prend sa place, maigre comme un mort, la peau cireuse. Il retourne dans le placard à deux portes. Ses vêtements sont mélangés aux siens. Il se rhabille en frissonnant. Cherche en vain, mais c'est sûr : on lui a volé sa veste. Un surveillant lui ordonne de le suivre. On le conduit à une femme en blouse blanche qui lui demande s'il a le sida ou une hépatite. Il répond qu'il ne sait pas. Elle insiste. Il dit que non. Elle prend note. Non, il ne prend pas de traitement médicamenteux. Non, il n'a pas d'addiction à l'alcool ou à la drogue. Il a à nouveau mal au ventre. Il n'ose pas demander s'il peut aller aux cabinets. Un surveillant lui ordonne de le suivre. On le conduit au fourrier. Il touche son paquetage d'entrée : housse de matelas, deux draps, brosse à dents, dentifrice, crème à raser, rasoir jetable, savon, un rouleau de papier toilette, serviette, gant de toilette, bol, assiette, verre, fourchette, cuillère à soupe, bassine, une unique capote. Il se demande comment il s'y prendra quand on voudra l'enculer une deuxième fois. Un surveillant lui ordonne de le suivre. On l'emmène au bureau du chef de greffe. Empreintes, photo, relevé des tatouages, numéro d'écrou, fouille, retrait du piercing au sourcil, de l'argent et des cigarettes, octroi des deux livrets de présentation, nouvelle carte d'identité interne, série d'étiquettes.

– Moreau ?

– Oui ? répond-il avec sa bassine sur les bras.

Le surveillant fait jouer sa clef dans la serrure.

– Cellule des entrants.

Il entre.

Neuf mètres carrés.

Cinq détenus.

Lorsqu'il est entré, les détenus gueulaient en arabe et en ouolof pour couvrir le son de la télé, et pour se parler entre eux, de cellule à cellule, par la fenêtre grillagée et barrée de quatre étais en fer écaillé et de deux barres horizontales de béton armé. À son salut murmuré ou bafouillé – il ne sait plus trop car sa voix s'était éteinte avant d'atteindre ses lèvres – ils n'avaient pas répondu autrement qu'avec des regards incrédules ou amusés. Et c'est là que l'un d'entre eux, un jeune type au visage dévoré par l'acné, dans un survêtement bleu électrique s'était exclamé :

– C'est un cul blanc et il va se faire victimer.

Comme confirmation de cette annonce, Ryan avait commencé à se faire taxer du papier-chiotte et son morceau de savon par ses cocellulaires. Puis il s'était assis sur son matelas mousse, la tête à hauteur de la lunette des chiottes. Son regard était allé ensuite du téléviseur branché à fond sur des dessins animés, à la porcelaine des chiottes, à dix centimètres de son nez, en passant par les projections de pisse que son matelas mousse avait déjà bues.

Et le même détenu, un peu plus tard, dans la cour de promenade avait repris à voix haute en s'adressant à la cantonade et en ricanant :

– C'est un cul blanc et il va se faire victimer.

Effectivement, ils tombent à quatre ou cinq sur Ryan, et avant qu'il ne comprenne ce qui lui arrive, il a mordu la poussière. Il a à peine eu le temps de se recroqueviller pour protéger ses organes vitaux, que les coups de pied cherchent à fracasser son crâne. Il a monté ses épaules, a bandé les muscles de sa nuque, il a rentré son menton dans sa poitrine et il a prié pour que sa mâchoire n'éclate pas. Il a tellement besoin d'embrasser Cyndie. Mais quand la mâchoire inférieure est brisée, il paraît que les urgentistes la cousent à la mâchoire supérieure avec un filin d'acier qui perce les gencives et passe entre les dents, le temps que les os se ressoudent. Pendant un mois, avec une mâchoire brisée cousue et un sourire Frankenstein, comment embrasser la femme qu'on aime le plus au monde ?

Lorsqu'il s'est relevé, le visage tuméfié, les côtes brisées, tremblant de peur, gémissant, crachant du sang, titubant, en chaussettes parce qu'on lui avait volé ses chaussures, un autre Arabe vint à lui. Il eut un geste de recul. Il entendit ricaner, mais le grand type, un peu plus vieux que les autres, leva les mains en signe de paix.

– T'as besoin d'avoir des amis ici, ou alors tu vas crever.

– J'en ai pas. Je connais personne ici, répondit Ryan en matant par en dessous la faune qui l'observait alentour.

– Hé ben tu peux compter sur moi.

Et il lui fit un franc sourire. Ryan ne put le lui rendre en raison de sa lèvre éclatée qui dégouttait de sang, mais son regard s'illumina de reconnaissance. L'homme tendit sa main.

– Alors on est potes ?

– On est potes, répéta Ryan en la lui serrant.

– Je m'appelle Chokri. Benaoudid Chokri.

– Et moi, c'est Ryan. Ryan Moreau.

Sans quitter la main de Ryan, Chokri passa un bras par-dessus les épaules du jeune Blanc. Il lui offrit un dernier et bon sourire, le pressant contre son sein, et lui murmura à l'oreille :

– Maintenant démerde-toi pour me faire passer une savonnette de shit du dehors et un téléphone ou j'annonce à mes potes que t'as baisé ta fille, que t'es un pointeur, et je les lâche pour qu'ils viennent tous t'enculer dans les douches.

***

La table de ping-pong en béton à l'angle nord-est de la cour de promenade était la propriété de Tiger Patrac, le frère de Rambo, tombé pour vol de camions. L'accompagnait toute une équipe de déménageurs qui en avaient le gabarit. Ce que Tiger n'avait pas en masse musculaire, il le compensait en talent d'organisateur. Logicien froid et méthodique, il était parvenu en prison comme à l'extérieur à gagner de la respectabilité par sa capacité à prévoir, à planifier et à anticiper.

Vautré sur la table de ping-pong du coin nord-est, il observait le manège. La poignée d'Arabes de Benaoudid rassemblée sur l'autre table de ping-pong portait les barbes longues et les kamis blancs des fanas muslims. Mais les robes s'arrêtaient juste avant les chevilles, pour laisser apparaître les Nike Requin TN couleur flamme sur fond noir – on a beau être ennemi des plaisirs et des tentations, on n'en est pas moins coquet. De là où ils étaient, ils murmuraient entre eux et souriaient de toutes leurs dents en montrant Ryan de la pointe du menton. Car contre toute attente, le jeune homme était redescendu en cour de promenade, la gueule tuméfiée, une paire de claquettes aux pieds. Il était seul, collé contre un mur, n'osant parler à personne, recroquevillé, le menton dans la poitrine, jetant de-ci de-là des coups d'œil effarés.

Tiger étudiait le manège, sans mot dire. Seuls bougeaient ses yeux et les muscles de sa mâchoire, secoués d'un spasme. Les articulations de ses doigts blanchissaient tandis qu'il serrait le béton de la table de ping-pong. Santiago, un des déménageurs de Tiger, sentait bien que son chef calculait.

– Pourquoi il est pas resté tranquille là-haut dans sa cellule ?

– Son cocellulaire c'est Samy. Celui qui jette de l'huile bouillante.

Santiago haussa les épaules.

– N'empêche qu'ici il va se faire tuer. Quelqu'un a payé un contrat à Benaoudid pour qu'il le bute, tout le monde le sait. Le gadjo, il va regretter la friture.

– Peut-être, mais on va pas laisser faire. Moreau, il est dans les affaires avec Rambo. Et maman dit qu'il est très bien, poli et tout… Alors tu vois, lui, là, il est peut-être né dans une maison sans roues et il sait pas cuisiner le hérisson, mais c'est la famille.

Le gros Santiago leva les mains en signe de capitulation.

– Alors si c'est la famille…

Au fil des minutes, les muslims devenaient plus agressifs. Ils invectivaient Ryan en arabe ou bien en français pour lui proposer de se faire sucer. Benaoudid laissait faire, un peu en retrait.

Tiger voyait les Arabes se chauffer et commencer à sortir de leurs djellabas les câbles électriques gainés de caoutchouc gros comme des matraques de flic. Quand les trois barbus se levèrent de la table de ping-pong sud-ouest, il compta ses déménageurs. Ils étaient douze rassemblés autour de lui. Les uns jouaient aux cartes, les autres fumaient, prenaient le soleil. Mais à des signes imperceptibles, il sut que toute sa bande était tendue comme la corde d'un arc. Il adorait jouir du spectacle de cette nonchalance feinte qui allait devenir en une fraction de seconde un déferlement de violence inouïe. Il sourit, écrasa sa clope, retira un brin de tabac de la pointe de sa langue. Il l'observa sur le bout de son index jauni, mouillé de salive.

– *O Manouche so nanaille lesse pative, vi leski ouchaline.*

Tiger répéta pour lui la sentence. « L'homme sans honneur, même son ombre salit la terre... »

L'arrêt de mort de Benaoudid était signé.

Il murmura : « Maintenant. »

Chokri Benaoudid bénéficia de dix-huit points au cuir chevelu, d'une extraction sous anesthésie de ce qui lui restait des dents de devant, et une IRM tardive au CHU diagnostiquant une hémorragie au gros colon entraîna un passage en urgence sur le billard et une villégiature pour le restant de sa peine dans la prison de Béthune, à huit cents kilomètres au nord, où des Yéniches alsaciens, mis à leur tour au courant, s'ingénièrent à rouvrir les plaies mal cicatrisées. L'administration pénitentiaire maquilla son exécution en suicide.

Quant à Ryan, il apprit auprès de ses nouveaux frères la culture zonzon, faite de parole donnée et tenue, de trafics de came, d'intimidation et de violence, de domination et de cruauté. Quand il redescendait en cour de promenade, c'était pour s'asseoir sur la table de ping-pong du nord-est et partager une clope avec Tiger. Au bout d'un mois de détention, il avait tout saisi de sa nouvelle vie. Il descendait en cour de promenade, et là, la cigarette aux lèvres, une jambe négligemment pliée sur la table, comme s'il prenait le soleil à la plage, il contemplait ses nouveaux amis, et il se disait qu'il était bon d'être du côté des forts.

***

Jean Jacques s'était éclipsé pour faire quelques emplettes, confiant à Cyndie la garde de l'atelier. Celle-ci en profita pour finir de meuler une varangue complètement bouffée par la rouille qu'elle voulait refaire à neuf avant de la relier au gousset. La pièce était posée sur des tréteaux et Cyndie tournait autour, menant un raffut d'enfer dans de hautes gerbes d'étincelles. Elle n'entendit pas entrer Kristopher et cependant sentit sa présence. Déjà la peur affluait en elle. Ce n'était pas pour elle qu'elle avait peur, mais pour le petit germe de vie qu'elle sentait croître et palpiter en elle.

– Qu'est-ce que tu viens foutre ici ? aboya-t-elle par-dessus le bruit de la meuleuse.

Il recula d'un pas, impressionné par la dureté de Cyndie, et vociféra par-dessus les hurlements de la machine :

– Y a plus Ryan pour te protéger maintenant. Comment tu vas faire ?

Elle éteignit la meuleuse et s'essuya le front avec son gant de chantier.

– Je me protège toute seule, et j'ai pas besoin de toi.

Il s'approcha d'elle en roucoulant :

– Un jour ou l'autre, Cyndie, t'auras besoin d'un mec pour te protéger. J'attendrai le temps qu'il faudra, mais ce jour-là, je te promets que t'appelleras au secours et que c'est moi qui viendrai.

Il voulut s'avancer pour lui arracher un baiser. Elle repoussa violemment la varangue qui tomba des tréteaux et faillit lui écraser les jambes. Elle mit alors en marche la machine et tempêta par-dessus le vacarme.

– Si tu reviens par ici encore une fois pour essayer de me sauter, Kristopher, c'est tes couilles que je passe à la meuleuse !

***

Cyndie arriva au parloir en avance. Ryan l'y rejoignit plus pâle encore que d'habitude. Du menton, elle montra le visage de Ryan.

– Ça va mieux, les coups ?

Il répondit en silence que oui, ça allait mieux. Elle jeta un coup d'œil à la dérobée à la lèvre tuméfiée. Autour d'eux, les couples s'embrassaient et chuchotaient. Des enfants jouaient sur les genoux de leur père. Ryan se sentit comme amputé de ses mains. Il y eut un silence. Cyndie le brisa.

– Dans la boîte aux lettres à Jean Jacques, ce matin, y avait une enveloppe avec mon nom écrit dessus, et plein de billets de banque. Je veux pas que Jean Jacques tombe pour recel. Ou complicité. Ou un machin comme ça. Si on l'éloigne de sa péniche, il meurt.

Ryan chouffa le gardien à l'air bovin qui surveillait vaguement le parloir. Il saisit alors sa femme au collet. Elle poussa un cri de surprise mais avant qu'elle puisse réagir, il colla ses lèvres sur les siennes. L'étreinte laissa Cyndie pantelante. Ryan lui caressa doucement la joue et rabattit une mèche folle derrière son oreille.

– T'inquiète. C'est la famille qui veille sur toi. T'es pas seule. T'as les Patrac avec toi.

Il l'embrassa à nouveau :

– Toi et moi, on est dans la même galère.

Des larmes embuèrent son visage chiffonné de petite renarde. Elle arbora un pauvre sourire.

– J'aimerais tellement qu'on soit dans la même péniche.

***

Ryan tendait son cul vers le surveillant qui lui ordonnait de tousser. Il était nu. Son visage était cramoisi en raison de sa position, mais aussi de la colère sombre qui le saisissait.

– Elle est mignonne, ta petite mousmée, pas vrai Moreau ? demanda le gardien chef.

Ryan se taisait, attendant l'ordre de se relever.

– Elle est mignonne, mais va falloir qu'elle soit patiente aussi…

L'attention de Ryan s'éveilla. Il s'efforça de prendre un ton anodin.

– Pourquoi donc, chef ?

– Rapport à ton pedigree. Da Silva, le capitaine qui t'a poissé, il est persuadé que t'es dans la combine des bagnoles volées.

– N'importe quoi, chef.

– Et le flingue ?

– Quoi, le flingue ?

– Ils ont fait les analyses balistiques, Moreau, et t'es marron. C'est bien le gun qui a servi à fumer le Corse.

Ryan se releva d'un seul coup.

– Quoi ?!

– Mon p'tit pote, tu passes de détention et port d'arme à homicide avec préméditation. Si tu passes aux aveux recta devant Da Silva pour les bagnoles, tu peux espérer une réduction de peine. Sinon, ta p'tite mousmée, t'es bon pour la retrouver dehors en pleine ménopause.

Ryan lutta contre l'envie de tuer immédiatement le maton. Il remonta en cellule le cœur battant. Tiger l'attendait, assis sur le bord de sa couchette, en train de regarder la télé.

– Alors, *fral*, *Djala michto* ? t'as eu un bon parloir ?

– *Ova*, nickel, répondit Ryan en détournant le regard. J'ai appris pour le cadeau.

– Le cadeau ?

– Le *lové* que vous avez donné à ma femme.

– Oh, laisse tomber, c'est normal.

– Merci en tout cas.

– *Tou vé mit maré* à la salle de muscu ?

– Pas tout de suite. J'ai rendez-vous avec le SMPR.

Le service médico-psychiatrique pénitentiaire l'attendait effectivement.

– Rejoins-nous après, ça sera sympa. Y a une surprise pour toi.

– Pas de problème, je vous y retrouve.

Ryan prit sa serviette, glissa dessous son Samsung M300 et s'en alla à son rendez-vous. Descendu deux étages plus bas, il parvint à se glisser dans les chiottes et sortit le petit téléphone à clapet que Santiago lui avait fourni. Ce dernier l'avait fait acheter à l'extérieur, livrer par le parloir et il se l'était glissé entre deux plis de graisse pour déjouer la fouille au corps par les gardiens. Il était fabriqué avec si peu de composants métalliques qu'il était indétectable aux portiques. Ryan composa le numéro du portable de Cyndie. Elle décrocha aussitôt. Dans un souffle, il s'annonça, la voix nouée.

– C'est moi… Le fric, tu le files à mon avocat, maître Cube. Tu lui dis que maintenant, c'est lui qui va garder tout le pognon que les Patrac te donneront. Je lui expliquerai au prochain parloir.

– Tu crois qu'il voudra bien ?

– Avec la commission qu'il prend sur les affaires, il voudra bien.

Il y eut encore un silence. Il devait maintenant lui annoncer le plus difficile.

– Et tu lui expliques que Da Silva veut me mettre un meurtre sur le dos.

Il sentit une onde de terreur palpable saisir Cyndie. Il chercha à la rassurer en parlant à toute vitesse :

– Cyndie, c'est des conneries, c'est des conneries ! j'ai jamais tué personne et j'ai peur des armes, mais je risque de prendre lourd ! Y a quelqu'un qui est en train de me mouiller grave. Raconte-le tout de suite à l'avocat et à la kumpania Patrac, dehors. Explique-leur. Plus vite on va, plus vite on a des chances de doubler ce fils de pute !

Elle se tut, comme si elle attendait quelque chose qu'il aurait dû dire. Il passa sa langue sur sa lèvre tuméfiée. Il ne savait plus quoi ajouter. Il raccrocha, glissa le téléphone dans son slip, pesta entre ses dents, sortit des chiottes, et attendit son tour dans le couloir.

Il sortit du SMPR et alla en direction de la salle de musculation. Tiger l'y attendait, assis sur le siège d'un rameur, trempé de sueur, une serviette sur les épaules. Il lui montra sa lèvre et tapota sur la sienne d'un air interrogateur.

– Ouais, je sais, expliqua Ryan, ça s'est rouvert, je sais pas comment.

– T'as rigolé trop fort.

Ryan fit un sourire contrit. Autour de lui, les déménageurs associés levaient de la fonte et boxaient dans le vide. Tiger s'appliquait à retirer de ses mains les bandes d'un tulle de gaze. Puis il sortit une cuillère à soupe de la poche de son survêtement, déchira une grosse papillote de cocaïne qu'il vida dedans.

– On a appris, tu sais, pour le flingue. L'endaufé qui a fait ça veut te faire prendre dix ans. Peut-être même qu'il espère que tu balanceras le morceau sur nous autres et que tu feras tomber le réseau.

– C'est impossible, balbutia Ryan, vous êtes mes frères.

Tiger leva la main pour demander le silence :

– T'as pas à te justifier, frère, on le sait bien. T'as pas à te justifier.

Il déchira un petit sachet de bicarbonate de soude pour la cuisine qu'il avait cantiné et répandit soigneusement le contenu sur la cuillère déjà remplie de coke.

– Mais nous on est là pour toi. Toujours à tes côtés.

Le cœur de Ryan s'arrêta de battre. Les autres s'approchaient et faisaient un cercle étroit autour de lui et de Tiger. Ce dernier fit couler un petit glaviot sur la mixture qui se mit à mousser. Il alluma un briquet sous la cuillère et le mélange se mit à bouillir.

– On voulait te dire que des fois, quand tu reçois une mauvaise nouvelle, t'es tenté de faire des conneries. Qui te coûtent cher, à toi et aux autres.

Le mélange devenait translucide et huileux. Très vite, Tiger éteignit le feu et fit couler sur l'huile de coke un peu d'eau froide qu'il avait amenée d'une petite bouteille d'eau pleine de glaçons. Il se forma une sorte de croûte caillouteuse qu'il fit tomber en fragments sur du papier aluminium.

– Alors voilà. On est tous là autour de toi pour te dire que tu peux compter sur nous. On te laissera jamais tomber, même si tu pars dans un mauvais délire. Et même, s'il le faut, on te protégera de toi-même.

Tiger ralluma le briquet sous la feuille d'aluminium. La free base commença à fumer. Santiago approcha une grande bouteille de Coca en plastique dont le cul avait été scié. Il la posa en cloche sur la fumée épaisse et grasse qui montait en volutes. Son pouce boucha le goulot de la bouteille. Avec un bon sourire, il le retira et présenta la bouteille à Ryan. Tiger se mit à rire :

– Et ça, c'est cadeau pour oublier ta peine.

Ryan téta la bouteille et se prit un très gros shoot. Il comprima la fumée dans ses poumons, et il eut aussitôt le sentiment que son cœur lui sortait de la poitrine, que tout l'univers luisait d'une phosphorescence incroyable. Il pensa à sa mère et se demanda si elle savait qu'il était peut-être en train de mourir. En une seconde, avant de chavirer, il pensa à ce cri qui retentissait dans la cour de promenade quand un fourgon extrayait un détenu pour le conduire au palais de justice : « TPTM ». Tu parles, t'es mort.

Son cœur sortit de sa poitrine, monta au milieu de la salle de muscu et se mit à briller comme une boule de disco sanguinolente.

***

En sortant de la prison, Cyndie s'alluma une cigarette, enfonça ses mains dans ses poches et avança d'un pas vif. Derrière elle, des mecs hurlaient à travers les barreaux des déclarations d'amour dans le mistral, en espérant que leur femme, leur amante, leur mère ou leur fille puisse les entendre une dernière fois. Elle jeta un coup d'œil au bus lorsqu'il passa à sa hauteur dans de grandes gerbes d'eau sale. Elle attrapa un regard terne sur une face plate et cireuse, dénué de toute expression, collé à la vitre comme de la viande sous Cellophane.

Elle sortit son téléphone portable et jeta un coup d'œil à l'écran de veille. Ryan y était photographié, la clope au bec, torse nu, casquette basculée sur l'arrière de son crâne rasé, les mains dans les poches, avec un air de marlou. Il était si beau… Elle sursauta quand il se mit à sonner. Elle reconnut immédiatement le numéro : c'était celui du Samsung M300 qu'il utilisait de la prison.

Elle écouta sa respiration oppressée et douloureuse, les mots brefs qu'il lui chuchotait.

– Je te le promets.

Il fallait maintenant endosser la lourde cuirasse des femmes de prisonniers, être complice des magouilles, des silences, des compromissions. Ils avaient parlé argent, mensonge, survie criminelle. C'était maintenant leur manière à eux de dire qu'ils s'aimaient.

Ensemble, ils raccrochèrent.

***

Maître Cube sentit qu'une présence l'observait. Il leva le regard. Devant la table à laquelle il était assis, une jeune fille attendait, immobile, en le dévisageant. Il sursauta.

– Qu'est-ce que vous voulez? demanda-t-il méchamment, comme s'il avait été pris sur le vif d'une action honteuse.

Pour qui se prenait ce petit bout de nénette insignifiante? En un coup d'œil entraîné, il cerna la gourgandine. Des cheveux à l'hygiène approximative remontés en une couette haute pour ne pas avoir trop chaud, des mains épaisses et meurtries par les travaux manuels, pas de bagues ni de bracelets? Un survêt Adidas noir à bandes dorées et des ballerines du même goût, un piercing faux diamant à la lèvre et des grosses lunettes Longchamp juchées au sommet de la tête? C'était une lumpenprolétaire, une petite Blanche issue des zones pavillonnaires. Avec de telles mains, elle ne tapinait pas. Junkie? Il détailla la peau du visage et le teint, relativement clair, les doigts, jaunis par la clope mais pas rougis et gonflés par l'héro. De plus, les dents étaient saines, et son haleine ne sentait ni la pharmacie ni la bibine. Alors quoi ? À coup sûr, la jeune copine d'un de ses clients incarcérés qui voulait lui transmettre un message. Il passa rapidement en revue les dernières affaires. Il repéra la petite médaille dorée et l'effigie de la Sainte Vierge. La fille ne couchait donc pas avec un Arabe. Alors quel client blanc, gaulois, ni dealer ni proxo ? C'était assurément la compagne de Ryan Moreau. Qu'est-ce que Ryan pouvait trouver à cette gamine, accablant monument d'insignifiance suffisante ? Il se souvint alors de sa première femme, pharmacienne, et il déborda d'indulgence pour le jeune homme. Mais qu'avait donc en plus cette petite par rapport aux autres créatures que Ryan aurait pu mettre dans son lit et dans sa vie ? Il enchaîna.

– Je n'ai pas l'honneur d'avoir été présenté. Vous êtes ?...

– Vous êtes Bernard Carré, l'avocat à mon homme.

– Non mais ça je sais... mais vous ?... Ça ne me dit pas qui vous êtes.

Elle haussa les épaules, comme si elle devait s'expliquer avec un débile.

– Ben... Je suis la femme à mon homme.

Et en guise de réponse complémentaire, elle fouilla dans son sac à main contrefaçon Adidas rose bonbon et en sortit une épaisse enveloppe de papier kraft aux bords fatigués.

– Tiens, c'est pour vous.

Une écriture malhabile avait noté au feutre noir « Cyndie Roux ». Il l'observa avec circonspection, s'éclaircit la voix puis partit d'un ton sonore et monotone.

– Je ne sais pas qui vous êtes. Je ne sais pas qui est Cyndie Roux. Je ne sais pas qui est l'expéditeur de ce courrier. Je ne sais pas ce que contient cette enveloppe qui ne m'est pas adressée, et qui a été ouverte par je ne sais qui avant qu'elle ne soit déposée sur la table, par vous, madame, dont j'ignore l'identité et que je n'ai jamais vue auparavant. Cette déclaration vaut pour tout enregistrement audio ou vidéo qui pourrait être obtenu de cette rencontre que je n'ai jamais sollicitée.

Cyndie le toisa avec dédain, et elle ouvrit l'enveloppe d'un geste vif. Des billets usagés tombèrent en pluie.

– Chaque semaine, je vous en apporterai. Vous prendrez votre commission, mais le reste vous n'y toucherez pas. Dans votre coffre-fort vous le mettrez, ou dans votre jardin vous l'enterrerez, je m'en bats les couilles. Et sinon, le flic Da Silva, il veut mettre un macchabée sur la tête à Ryan, histoire de le faire chanter qu'il crache le morceau sur le trafic de bagnoles. Soi-disant le flingue.

Cyndie s'apprêta à partir, et au dernier moment, se ravisa. Elle se pencha sur la table, posa ses deux mains à plat et planta son regard gris acier dans celui de maître Cube, marronnasse gélifié :

– Et pour la braise, ne vous avisez pas de m'endaufer. Je fais les comptes semaine après semaine. S'il me manque même rien que dix boules, je vous en fais sauter une. À la meuleuse.

Et elle partit comme elle était venue.

Maître Cube déglutit, s'épongea le front. Ses mains tremblaient. Il commanda une petite fine à la mère Lopez pour se remettre et la descendit cul sec. Décidément oui, il comprenait mieux Ryan ; cette petite avait quelque chose en plus…

SIXIÈME PARTIE

Dynamiques d'insertion

Socrate : – … Mais examinons la situation suivante. N'est-ce pas l'homme le plus habile à porter des coups au combat, que ce soit au cours d'un pugilat ou dans les autres formes de lutte, qui l'est le plus également à se protéger des coups ?
Thrasymaque : – Tout à fait.
Socrate : – Et n'est-ce pas celui qui est apte à se protéger d'une maladie qui sera aussi le plus habile à la transmettre en secret ?
Thrasymaque : – Il me semble.
Socrate : – Mais le bon gardien d'une armée, n'est-ce pas celui-là qui est capable de dérober les biens des ennemis, autant que leurs projets d'action ?
Thrasymaque : – Tout à fait.
Socrate : – Par conséquent, cela dont on peut être le gardien habile, on en sera aussi l'habile voleur ?
Thrasymaque : – Il semble.
Socrate : – Alors, si le juste est habile à garder de l'argent, il l'est aussi à le dérober.

PLATON, *La République*, Livre I, 333e-334a

Da Silva savourait son futur triomphe en contemplant le large poster d'Hawaï punaisé devant son bureau. Il avait demandé l'extraction de Moreau les cadènes aux poings et les entraves aux chevilles, histoire de bien l'humilier. Le lascar n'allait pas faire le mariolle en arrivant dans son bureau : il lui suffisait de lui brandir sous le pif l'étude balistique et lui promettre de requalifier l'enquête en homicide s'il refusait d'être coopératif. Une enquête rondement menée… Ou bien il se mettait à table, avouait qu'il était le chef de bande des cravateurs de guimbardes et la justice pouvait être conciliante, ou bien il faisait la tête de mule et prenait quinze ans… Et lorsqu'il présenterait la tête à Ryan au président Burnier, ce dernier allait lui manger dans la main. Il coula un regard attendri sur les rouleaux de vagues ourlant la plage d'improbables bigoudis turquoise.

Il entendit un affairement dans le couloir. Il prit sa pose la plus martiale, mais personne n'entra. Des conciliabules lui parvenaient de l'extérieur, des chuchotements.

Il s'impatienta :

– Bon Ghislaine c'est pour aujourd'hui ou pour demain ?!

Il s'attendait à la trombine émaciée et tuméfiée de Moreau. Il eut droit à la face couperosée et fleurie de maître Cube.

– Mes respects, mon capitaine. Je représente ici les intérêts de mon client, Ryan Moreau, qui n'a pas pu se déplacer en raison de violences exercées à son encontre par vous et votre... comment dire?... section d'assaut.

Le gros avocat grimaça un sourire, puis, suant et ahanant, farfouilla dans son cartable de cuir pour sortir des liasses de documents :

– J'ai ici, et là, et encore là son dépôt de plainte auprès du procureur de la République, le certificat médical. Et quant à moi, je me constitue partie civile auprès du doyen des juges d'instruction du TIG – on n'est jamais trop prudent dans ces affaires-là.

Un sourire de mérou barra sa large face.

– Ah, étourdi que je suis, j'oubliais le principal! J'ai eu vent d'un règlement de comptes dans l'arrière-côte monégasque et l'étude balistique aurait prouvé que l'arme trouvée dans le véhicule de Ryan Moreau a été utilisée dans un homicide. Bien sûr, nous sommes tous les deux d'accord : cela ne prouve pas la responsabilité de mon client, mais uniquement l'acharnement de celui qui chercherait à l'accuser à tort. Étant donné que l'article 706-54 du code de procédure pénale facilite l'identification des traces génétiques, ce serait une grave faute professionnelle de votre part de ne pas demander des prélèvements biologiques sur l'arme et la scène de crime. Et si cette faute professionnelle s'ajoutait à la plainte précédente, je ne vous dis pas, cher capitaine Da Silva, comment vous mettriez la rate au court-bouillon de ce cher ministre, et le binz qui s'ensuivrait pour votre avenir professionnel.

Nouvelle gueule de mérou. Maître Carré s'essaya à un salut militaire, fit une rotation élégante et approximative qui voulait s'apparenter vaguement à un demi-tour droite mais évoquait plutôt une figure libre de concours de majorette.

– Mes respects, mon adjudant.

Puis il disparut dans un mignard froufroutement de Tergal

douteux, laissant dans son sillage une odeur tenace de rosé tiède.

Da Silva n'avait pas dégoisé un mot. Il était là, la mâchoire dévissée, stupéfait. Il contempla l'amas de paperasses tamponnées, estampillées et certifiées que le gros véreux avait abandonnées sur son bureau... Il était parti pour perdre plusieurs semaines avec tous ces emmerdements. Il adressa une prière à Dieu dans l'espoir que Burnier ait d'autres chats à fouetter.

Son téléphone se mit soudain à vibrer. C'était justement Burnier.

***

Tiger n'était point sot. Si son petit frère Rambo avait arrêté l'école par anticipation, après quelques mois passés sur les bancs de la communale estimant qu'il en avait vite fait le tour, en revanche Tiger avait été assez loin, bravant les interdits paternels qui le menaçaient de pires mots s'il osait franchir la porte du collège. Mais Tiger avait un physique ingrat, comme on a vu plus haut, et le manque de succès auprès des filles l'avait poussé dans la voie solitaire de la branlette mais aussi de la lecture. La prison lui ayant donné l'occasion de se réconcilier avec ces deux pratiques, il ne fut pas effrayé lorsque Ryan passa commande à maître Cube des *Fragments* d'Héraclite dans la version publiée aux Belles Lettres. Mieux même, Tiger conçut un vif intérêt pour l'Obscur d'Éphèse. Il avait très tôt embrassé la cause d'Héraclite, de Kali et de tout le tremblement au fil des parloirs lors desquels la tribu Patrac évangélisait à tour de bras. Toutefois Ryan et son cocellulaire s'imaginaient qu'un livre composé de fragments ne devait pas être plus épais qu'une carte grise de véhicule. Mais à la livraison, l'ouvrage pesait bien son kilo et les formules elliptiques du maître de la race des Androclides étaient émaillées de commentaires subtils qui les laissaient pantois. Il n'empêche : les deux jeunes hommes se récitaient les sentences, improvisaient des analyses ou tombaient en stupeur devant leur mystère, les balançaient à leurs camarades en salle de sport ou les envoyaient à la face congestionnée de bêtise des surveillants. Et ils ricanaient, potaches, de la puissance du verbe.

Une bande un peu trop entreprenante commençait à empiéter sur leurs plates-bandes ? Ils demandaient une entrevue avec le chef et, les yeux dans les yeux, ils citaient les dents serrées le fragment 53 tiré de la *Réfutation de toutes les hérésies*, d'Hippolyte, en son livre IX, au chapitre 9, paragraphe 4 :

La guerre est le père de toutes choses, de toutes le roi.

Et cela suffisait pour éviter une déclaration de guerre. Car vous ne cherchez pas la merde à celui qui vous menace avec plus de vocabulaire que vous n'en maîtrisez : il pourrait en effet injurier avec brio votre mère et mettre les rieurs de son côté. Un surveillant trop zélé fayotait devant sa hiérarchie, ils murmuraient d'un air vachard en passant devant lui l'extrait indexé numéro 20 par Diels, et rapporté par Platon dans son *Hippias majeur*, 289a :

Des singes, le plus beau est laid.

Voulait-on ensuite les accuser d'insulter le personnel et les menaçait-on d'un conseil de discipline ou du mitard ? Ils prenaient des poses indignées et s'exclamaient, à la suite du codicille vatican grec 743 n° 314, tel que rapporté par Sternbach et Luschnat :

La culture est un second soleil pour les hommes cultivés.

Les surveillants mangeaient leur képi de rage, car s'ils les punissaient, cela voulait dire qu'ils punissaient la culture, et donc qu'ils passaient pour des abrutis. Et s'ils les laissaient libres, ils s'inclinaient devant l'insulte, reconnaissaient par conséquent son bien-fondé et passaient également pour des abrutis. Interdits, ne sachant que faire, les matons hésitaient, et leurs atermoiements les enfermaient définitivement dans la case des abrutis. L'administration pénitentiaire devenait la risée de ce petit monde-là et cela valut à Tiger et Ryan du respect, c'est-à-dire, dans le monde de la zonzon, de la puissance. Ils en saisirent vite l'avantage, et de fil en aiguille, le temps du désœuvrement devint celui de l'étude ; leur cellule se fit monacale, et l'on vit bientôt ces deux-là, inséparables, suivre l'exemple de Montaigne et couvrir leur cellule d'adages antiques. Toutefois, à défaut de les graver aux poutres, ils s'appliquaient à en orner les posters de gonzesses à poil.

***

Depuis les frénétiques engueulades de Burnier, Da Silva mettait les bouchées doubles. Son très sûr instinct de prédateur le persuadait que la décharge auto des Patrac était la base arrière et le siège social d'où s'organisait toute l'industrie pégriotte de l'étouffage de guimbardes. Aussi avait-il demandé une surveillance étroite des allées et venues autour de la casse. Il avait exigé aussi qu'on filoche la reine du campement et son dernier fils en liberté, et quelques autres numéros notoirement connus des services de police. Les fils du vent s'en étaient rapidement rendu compte. Aussi durent-ils réduire la voile et limiter leurs activités. Il fallut couper court aux échanges des Ben Barka au sud et de Fouad Moussa à l'est. Ce dernier avait senti le vent tourner, et dorénavant, il se consacrait à sa principale activité : tenir les murs de la cité en s'adossant aux portes des immeubles. Les Ben Barka, prudents, montèrent un chantier de réinsertion pour les jeunes, et purent ainsi vivocher au grappin des aides du département sans faire de vagues. Les Romanos, quant à eux, retournèrent à leurs premières amours, même si les draps étaient défraîchis et les cuisses de la mariée un peu rêches... Ferraille, carambouille à l'assurance, bonne ferte sur les parkings pour poisser les gogos à Arles et aux Saintes, un peu de cuivre de GDF.

Tout le monde sentait confusément que les nuages gris s'amoncelaient sur les cieux de la kumpania Patrac. Il suffisait d'un aveu signé de la main de Ryan pour qu'une descente de flics démantèle tout le campement, dépouille les caravanes et mette la main sur le pactole amassé ces derniers mois. Il y en avait pour plusieurs centaines de milliers d'euros, peut-être un ou deux millions que Josépha avait sagement convertis en joncaille et en pierreries. Mais toute cette manne financière, elle ne pouvait pas durer plus longtemps que la volonté ou la fidélité de Ryan. Si le petit craquait, c'était toute la famille qui plongeait.

***

Pour sa part, maître Cube s'échinait sur son dossier de défense et utilisait les précieuses semaines qu'il avait pu glaner en exigeant l'enquête ADN pour préparer sa plaidoirie. Mais il naviguait à l'aveugle, ne connaissant rien de l'issue de l'analyse génétique, ne sachant pas si l'on avait pu déplacer la culpabilité sur un autre, et si oui, lequel. Tout au plus avait-il appris par des indiscrétions de prétoire que l'on avait trouvé du sang sur l'arme et sur la porte du cabanon du Corse, et un sang qui n'était pas le sien. Un beau jour, il s'en fendit à l'heure de l'apéritif à Rambo au Derby Bar.

– Du sang sur l'arme ?! s'exclama Rambo en s'étouffant dans sa fougasse aux olives.

Maître Cube écarta précautionneusement son verre de rosé de l'avalanche de miettes. Le Manouche roulait des châsses effrayés. D'autor, il réquisitionna le rosé du gros pour faire passer la bouchée récalcitrante.

– Et c'est quand qu'il s'est fait fumer, l'autre pétomane ? demanda à nouveau Rambo en enfournant le dernier morceau de gâteau.

L'avocat compulsa ses dossiers qu'il avait étalés sur le zinc de la mère Lopez et précisa la date. À son annonce, Rambo s'étouffa de plus belle. D'une patte, il attrapa la bouteille de rosé qui attendait au frais près de l'évier et la descendit au goulot. Il claqua sur le comptoir le litre vide qui éclata en morceaux et passa une main dans ses cheveux en grognant. Puis il se leva et se mit à tourner dans la salle du Derby Bar comme un ours enchaîné, et plus il faisait de tours, plus il soufflait fort et baragouinait des imprécations terribles dans son sabir romano. Il contractait ses mains spasmodiquement, comme s'il cherchait un cou à serrer et l'on entendait dans son marmottement les mots de « barre à mine », « rotules » et « honneur de la famille ». À la fin, l'avocat n'y tint plus.

– Mais de grâce, que se passe-t-il, enfin ?

– Il se passe que votre Corsiflard s'est fait dézinguer le jour où on est passés chez lui ! Et que ce même jour, chez lui, Kristopher s'est ouvert la main, entre le pouce et l'index, à l'endroit précis où on cale un flingue pour tirer !

Il fallut à maître Cube des trésors de patience et de diplomatie pour convaincre Rambo de ne pas découper immédiatement Kristopher en morceaux et les jeter dans les casiers à anguilles de l'étang du Scamandre. Les flics n'attendaient que ça pour lui mettre la main au collet, organiser une rafle au campement, et étouffer le pactole. Il parvint à lui faire admettre une réunion au sommet et dans le plus grand secret. Après tout, avec cette révélation, ils avaient au moins un round d'avance sur les flics et ils pouvaient le mettre à contribution pour planifier une vengeance bien plus juteuse et autrement plus habile.

***

Ni Ryan ni la bande des déménageurs incarcérés autour de Tiger n'avaient été mis au courant de la découverte de Rambo. On décida aussi de maintenir dans le secret Cyndie car on craignait qu'à cette annonce, elle ne tournât brindezingue et ne commît une imprudence. On fit de même avec Jean Jacques qui devenait presque un grand-père affectueux et un confident pour elle. Maître Cube parvint donc à arracher de la kumpania Patrac la promesse de ne rien dire pendant les parloirs et tous s'y engagèrent.

Quant aux deux compères au chtar, ignorant tout, ils étaient plongés dans leurs études studieuses. À force de citer et méditer Héraclite, ils en vinrent à son premier disciple, Nietzsche. Se déploya alors devant eux une contre-Bible, un univers baroque et démesuré, entre le grotesque et le sublime, où les vaches étaient multicolores, les serpents parlaient, les funambules se cassaient la gueule et où le surhomme moukavait la mouille à Dieu. Tiger et Ryan étaient venus tardivement à la lecture, et tout le shit fumé depuis leur puberté leur avait précocement blanchi la matière grise. Toutefois, la lecture des courts aphorismes du grand Boche leur était supportable, comme l'était sa prose incantatoire où les images se succédaient aux images avec la violence embrasée d'un comic hardcore. Des phrases courtes, percutantes comme un ramponneau, des réflexions montées en bandes-annonces de péplum, voilà qui allait parfaitement à leur entendement perclus de fumette et de vidéoclips. La paire d'arsouilles qui se piquait de philosopher prit en pleine poire la description du dernier homme, celui qui ne savait plus jeter au-dessus des autres hommes « la flèche de son désir ». Il y avait notamment ce passage sur lequel un soir ils butèrent, tiré de *La Vertu qui donne*. Tiger en ânonnait des passages :

Il y a un égoïsme qui veut toujours voler, c'est l'égoïsme des malades... Avec les yeux du voleur, il regarde tout ce qui brille ; avec l'avidité de la faim, toujours il rampe autour de la table de celui qui donne. Dans cet égoïsme, l'envie de voler témoigne d'un corps malade.

Tiger fit une pause...

– Tu crois que c'est de nous, qu'il parle ?

Ryan haussa les épaules. Il prit le livre des mains de Tiger et continua la lecture.

En vérité, je vous devine mes disciples : vous aspirez comme moi à la vertu qui donne... En vérité, il faut qu'un tel amour qui donne se fasse le voleur de toutes les valeurs...

Et ce fut un choc. Eux qui pensaient qu'il suffisait de prendre pour s'honorer du titre d'hommes libres, voilà qu'ils découvraient, sous la plume du pianiste syphilitique de Weimar, qu'ils n'étaient rien d'autre que des dégénérés et des malades, des petits hommes médiocres attachés à ce qu'ils entassaient dans leurs caches et leurs caves. Leurs misérables rapines, passées au feu de Zarathoustra, se révélaient au grand jour comme des manigances pathologiques de ceux qui étaient incapables d'enfanter, de distribuer généreusement. Ils volaient et pillaient la générosité du monde parce qu'ils étaient incapables eux-mêmes de fécondité. Ainsi, ils étaient donc des impuissants...

Aussi eurent-ils du dégoût et du mépris pour ce qu'ils étaient devenus, des cumulards de la chourave, de pauvres riches, dormant sur un tas d'or volé parce qu'ils étaient incapables de descendre à leur propre filon, n'osant pas cueillir en eux des gemmes plus brillantes que des étoiles. Ils eurent honte, terriblement, se contemplèrent hagards dans la cellule, tandis que par la lucarne la lune déposait sur leur visage de froids baisers. Ils se souvinrent longtemps de cette drôle de nuit nietzschéenne, aux antipodes de celle de saint Jean de la Croix. Elle fut pour eux comme l'entrée au royaume du détachement princier des voleurs généreux et des brigands qui donnent.

***

Aux heures consacrées à l'étude se succédaient les parloirs. Cyndie revenait maintenant plus fréquemment, et elle était plus apaisée, comme l'était également son amant emprisonné. À l'opposé des pauvres échanges autour d'eux, qui n'étaient que des plaintes et des récriminations amères, la conversation entre la jeune soudeuse et Ryan prenait progressivement un tour neuf. On n'y parlait presque plus de prison. Cyndie racontait ce qu'elle avait lu dans le ventre de la bélandre, et elle revenait de ses expéditions littéraires riche de trésors qu'elle voulait partager avec son homme. Car Jean Jacques n'était pas qu'un obsessionnel compulsif d'Homère. Il n'était pas qu'un bibliophile chevronné ayant déniché le journal de bord de Cusenier lors de l'expédition en catamaran sur les traces du héros d'endurance, ou les relevés cosmographiques de Ballabriga à partir de la traversée de la mer Égée par Nestor en quatre jours. Il avait fait lire aussi à Cyndie l'*Ulysse* de Joyce. Et la jeune fille avait découvert avec soulagement que la manière erratique avec laquelle elle-même pensait n'était pas la preuve d'une déficience mentale, mais le miroir de sa conscience, de toute conscience, tumultueux torrent charriant eau et pierres, boue et charognes gonflées d'animaux tombés au ruisseau et branches d'arbres et reflet moutonnier des cieux et murmure des nymphes. Elle dévorait aussi la « bibliothèque au grand large », comme l'appelait le vieux marinier où s'entassaient *Moby Dick*, *Le Vieil Homme et la Mer*, l'*Histoire de Barbarie et de ses corsaires* du révérend père Pierre Dan, celle des aventuriers flibustiers d'Exmelin dans l'édition présentée par Jehan Mousnier au sortir de la guerre, le *Nouveau voyage aux isles françaises de l'Amérique* du père Labat, et puis bien sûr le célèbre Trousset et son *Histoire illustrée des pirates, corsaires, flibustiers, forbans, etc. dans tous les temps et dans tous les pays*, ainsi que l'*Histoire générale des plus fameux pyrates* de Daniel Defoe.

À ceux-là, Ryan répondait par les extraits de la correspondance d'Alexandre Jacob, des passages de Nietzsche bien sûr, et de quelques autres bandits flamboyants, comme Darien, Genet, Emmett Grogan, James Carr, ou Edward Bunker. Par curiosité pour les prisons danoises des années cinquante, il tomba un peu par hasard sur *Féerie*, où les vomissures en dentelle du vieux parano de Meudon lui donnaient l'impression de répondre aux longs jets salivaires de Joyce que vénérait Cyndie. Il s'ensuivit entre eux deux un vif débat sur ce qu'il fallait imposer aux mots pour que leur clapotis imite au mieux les bulles qui crevaient à la surface du gras bouillon de la conscience. Le parloir ne suffisait plus. Ils s'écrivirent.

Ainsi passaient les heures et les jours, au gré de leur correspondance. La maison d'arrêt devenait enfin *maison d'arrêt.* On y arrêtait de courir après la vie, on la laissait enfin couler devant soi, pour y voir passer non plus les cadavres de ses ennemis, mais rien d'autre que le courant. Ryan, toujours plus éloigné des choses, en conçut une douce nostalgie ; mais bientôt il préféra ce regret souriant aux choses mêmes dont il avait le manque.

Il entrait ainsi, sans le savoir, en littérature.

Au fil des semaines, les déménageurs rassemblés autour d'Eye of the Tiger furent libérés les uns après les autres, et il ne restait plus que le chef de gang qui attendait l'annonce imminente de sa sortie. Bientôt, Tiger put prendre le chemin de la liberté. Rendu à sa solitude, Ryan ne connaissait pourtant pas l'esseulement : sa cellule devenait un endroit de consultation où défilait sagement la truandaille en mal de conseil. Il vissa même à l'entrée de sa geôle une plaque que Cyndie avait fait graver sur du faux bronze :

MOREAU CONSULTING
Expertise en banditisme éthique
Conseil en anarcho-management

***

Comme la famille Patrac était au complet, maître Cube décréta la réunion au sommet chez la mère Lopez – un flic égaré au Derby Bar s'y repérerait comme une mouche dans un bol de lait. Étaient conviés, outre la famille élargie de Josépha, Cyndie et Jean Jacques, qui faisaient partie des meubles. Ils arrivèrent les derniers. Cyndie commençait à prendre des formes lorsqu'elle entra, radieuse. Jean lui tenait élégamment la pointe du coude, comme un futur beau-père accompagne sa bru vers l'autel, avec cette différence que les bénitiers du Derby Bar étaient remplis de pastaga et de rosé bien glace. On s'installa et l'on commanda quelques tournées en blablatant.

– J'ai deux nouvelles, commença l'avocat en s'éclaircissant la voix, une bonne et une mauvaise.

– La bonne d'abord, exigea Cyndie en resserrant sa couette.

– Ryan va sortir bientôt.

Des cris de joie fusèrent et la jeune fille se cramponna au cou de maître Cube en glapissant et en sautillant furieusement. Le gros avocat, un brin gêné, se défit de l'étreinte et demanda le silence. Il continua son exposé.

– J'ai trempé Da Silva pour violence, subornation de témoin, etc., et son enquête est vérolée de vices de forme, de l'arrestation à la garde à vue. La sortie de notre petit bonhomme n'est qu'une affaire de jours…

– Et la mauvaise ? interrogea le capitaine en bourrant une pipe en écume.

Le gros s'humecta les lèvres et sa bouche prit des allures de cul de poule.

– Eh bien, c'est assez délicat, mais…

Le capitaine envoya moutonner un nuage de fumée au milieu de la tablée :

– … Mais c'est assez évident… Kristopher a manigancé toute l'affaire.

Des effusions de bonheur, Cyndie passa aux cris de douleur. Il fallut toute la force de Rambo et Tiger pour la maintenir sur sa chaise. Sans se départir de son flegme, Jean Jacques continua d'un ton égal.

– La vengeance d'un soupirant éconduit, cela se paye toujours au prix du sang.

– Mais comment savez-vous cela ? s'étonna maître Cube.

– Allons, allons, répondit le vieux marinier en tapotant le culot de sa pipe sur le rebord de la table, cette sale histoire a commencé avec Hélène, Pâris et Agamemnon, et ça a fini en boucherie sur les bords de la mer Égée. Vous n'imaginez tout de même pas qu'elle allait s'arrêter avec Cyndie, Ryan et Kristopher non loin de la Méditerranée…

– Gaffe, alerta Tiger. Kristopher est une pure balance, une vraie poukave à klisté. Dès que les bourres vont le poisser, il va se mettre à table tout de suite, tout avouer sans état d'âme, rentrer dans le détail de nos petites combines, préciser qui fait quoi avec qui et comment. On est bons pour tous tomber dans la foulée. Faut mettre les adjas fissa.

– Mais fuir où ? s'exclama Rambo hors de lui. T'as déjà vu un convoi de dix caravanes passer inaperçu aux yeux des flics ?! Ce fumier de Kristopher va jouer le repenti, et au final, c'est nous qu'on croupira enchtibés ! Même si on mettait les bouts à l'instant que je te cause, en abandonnant les caravanes et en chargeant à fond les Mercedes, les condés nous repéreraient trop bien, avec nos dégaines de juifs quittant l'Égypte !

– À moins que…

C'était Jean Jacques qui était intervenu d'une voix rêveuse. Les regards convergèrent sur lui. Il était nimbé d'une brume bleutée dans laquelle dansaient ses yeux délavés. Il se tourna alors vers Cyndie et lui caressa affectueusement la joue.

– Mais il nous faudrait un appât… Un bel appât.

***

– Pourquoi tu m'emmènes là ? demanda Cyndie.

C'est toi qu'as voulu le rendez-vous, répondit Kristopher, alors j'ai sorti la grande artillerie.

Cyndie jeta un coup d'œil panoramique à la salle du Cheval blanc, le maître d'hôtel en nœud pap, les serveurs en livrée, la silhouette des arènes qui se découpait par les fenêtres… Elle et Kristopher faisaient tache au milieu d'une clientèle de rombières décaties et de vieux birbes bedonnants. À la dérobée, les regards glissaient sur ce couple qui écartait les coudes pour couper sa viande, pointait le couteau en l'air entre deux fourchetées et parlait fort la bouche pleine. Kristopher se pencha par-dessus la table avec un air de confidence.

– C'est là que tous les bourges ils vont. Et j'ai commandé le vin le plus cher.

Il prit le verre de Cyndie, l'inclina et fit couler lentement le pommard le long de la paroi.

– C'est pas la bière qu'on sert comme ça ? hasarda la gamine.

L'autre ne fit aucun commentaire, se contentant de cligner de l'œil en continuant de verser le nectar. Pour l'occasion, il s'était refait une garde-robe clinquante avec pompes à bout pointu, pantalon à pinces slim gris souris bas du cul, veste cintrée et tee-shirt échancré. La casquette ornée d'un OBEY en lettres d'or et le collier de barbe muslim achevaient le portrait.

Leurs deux verres remplis, il proposa un toast.

– À nos retrouvailles ! lança-t-il.

Ils entrechoquèrent leur pommard et Cyndie se força de grimacer quelque chose qui pouvait sembler de la connivence et de l'amusement. Kristopher la dévorait des yeux. Il glissa une main sur la table jusqu'à la poser sur la sienne. Leurs doigts s'entremêlèrent. Il montra sa poitrine abondante, ses hanches qui s'arrondissaient, et la plaisanta :

– Dis donc, t'as pas un peu forci ces temps derniers ?

Avant qu'elle ne puisse réagir, il enchaîna, galant et primesautier :

– Ça tombe bien, moi j'aime bien quand y en a plein.

Elle lança, anodine :

– C'est que j'ai besoin de prendre des forces pour le grand déménagement.

Il haussa les sourcils, interrogateur. Il n'avait jamais entendu parler de ça.

– Comment ? s'étonna-t-elle. Maintenant que Ryan est encabané, t'es devenu le number one, et tu sais même pas qu'avec la kumpania Patrac, on va lever le camp pour l'Allemagne ?

– L'Allemagne ? bredouilla l'autre.

Elle se pencha par-dessus la table, pressant ses seins entre ses bras serrés pour les faire pointer :

– Moreau est dans la mistoufle, Tiger et toute sa bande ne sont plus là pour le surveiller, alors d'un jour à l'autre, il peut se déballonner. Et on va pas attendre qu'il calanche pour se faire arquepincer par les bourres. Alors on lève tous le camp, dans le plus grand secret, et on se casse chez les Boches. Josépha attend le feu vert de ta part.

Kristopher était ravi autant que dérouté :

– Elle attend mon feu vert ?!

– Eh, mecton, c'est toi le boss, ronronna Cyndie en se léchant les lèvres.

– C'est vrai… C'est vrai, confirma l'autre, les yeux dans le vague, se servant du pommard et en le sifflant cul sec, mais euh… pourquoi l'Allemagne, j'entrave rien au fritz, moi ?

– C'est central, entre l'Est et le Maghreb, et puis ça nous éloigne des poulets français. Et puis les Patrac viennent de là. Ils t'apprendront vite.

– Ah ben oui, bafouilla Kristopher.

Il se passa une main sur le visage, comme s'il cherchait à s'éveiller d'un rêve en sucre, se mit à rire bêtement. Puis il répéta lentement :

– C'est moi le boss...

Elle posa son index sur ses lèvres à lui :

– Mais chut, hein, personne doit savoir qu'on se barre bientôt.

Jusqu'à la fin du repas, Kristopher fut lyrique. Il prenait des poses mussoliniennes, parlait et riait haut et fort, commanda un cheesecake, grimaça sur ce qu'il appela la sauce et qu'on lui expliqua être un coulis, et renvoya en cuisine. Cyndie demanda une glace à la fraise. On lui fit remarquer à voix basse qu'il n'y en avait pas dans le menu – tout au mieux un sorbet de rose. Kristopher répondit au maître d'hôtel en jetant quelques billets froissés sur la table et exigea pour « sa » femme un Kim cône.

Sur la route du retour, Kristopher s'enfila quelques lignes de coke et suggéra de finir la soirée chez lui : il avait téléchargé un film de cul et proposa à Cyndie de se le mater pendant qu'ils allaient baiser. Cyndie déclina l'offre :

– Je peux pas. J'ai les Anglais qui débarquent. Mais promis, quand la saison des coquelicots est finie...

Elle se lova contre son épaule jusqu'au bout du trajet et il la déposa aux ateliers. Au moment de sortir de la voiture, elle se fit mutine, esquivant son baiser, lui demandant la patience et lui promettant mille attentions. Elle veilla à ce que la voiture disparaisse bien du parking et agita sa petite main jusqu'à ce que les feux arrière se fondent dans la nuit. Alors seulement elle courut aux toilettes pour y vomir. Jean Jacques l'y rejoignit, et lui massa la nuque. Elle se redressa, s'essuya les lèvres et plongea son regard gris acier dans celui du capitaine.

– Ça y est. J'ai fait mon job. Et maintenant?

***

Quand les flics enfoncèrent la porte de Kristopher, celui-ci était trop abasourdi pour se rebeller. Il fut balancé dans le panier à salade et conduit directement au procureur de la République pour une comparution immédiate. Ce dernier feuilleta rapidement le rapport, reconnut la signature de Da Silva et décrocha le combiné. Le flic répondit sur-le-champ.

– Dites donc, Da Silva, vous avez bien mis sous les verrous Ryan Moreau au motif qu'il aurait tué Doumé Fattaccoli ?

– Affirmatif, monsieur le proc. Ça me permet de le cuisiner pour qu'il avoue tout sur les vols de voitures. Je suis persuadé qu'il est le chef de réseau de la bande qui écume la région et a volé les pneus du ministre.

– Arrêtez tout. On vient de me carrer dans les pattes la démonstration de votre incompétence crasse, au moment où j'allais partir pour mon golf.

– 'Vous demande pardon monsieur le…

– Le vrai responsable de la boucherie corse, vous savez qu'il en train de mijoter dans mon couloir ?

Da Silva se racla la gorge.

– Et puisque nous en sommes au chapitre des bévues et des impérities professionnelles, les pneus du ministre ? La bande des détrousseurs de voitures, où ça en est ? Vous savez que Burnier en fait une affaire personnelle et que votre tête est sur le billot.

– C'est-à-dire… je me concentre sur le chef de bande… Vous savez, la bande à Ryan. Il me faut encore un peu de temps pour le faire passer aux aveux, mais il est mûr. Il croit toujours que l'homicide plane sur ses épaules, et tant qu'il n'est pas au courant que l'on a le vrai criminel, je peux jouer la carte psychologique… Alors si vous pouviez retarder le…

Et avant même que Da Silva pût se justifier, il enchaîna :

– La bande à Ryan ? Ryan Moreau ? Celui que vous avez tabassé à foison ? Vous êtes au courant que son avocat est passé dans mon bureau il y a une heure, pavanant et fier comme Artaban. Mais vous me l'avez passé à la torture, votre Moreau ?! Vice de procédure, violences, ça n'en finit pas mon petit Da Silva ! Alors vous me relâchez ce Moreau avant que la presse ne s'en fasse les gorges chaudes. Et en revanche, pour mon prévenu, j'ai l'analyse génétique sous les yeux : l'accusation est grave et les preuves sont flagrantes. Je le place en mandat de dépôt. Si vous voulez bien vous charger de conduire l'animal en maison d'arrêt.

Da Silva voyait tous ses rêves de promotion océanienne s'évanouir.

– Bien monsieur le…

– Ah ! et au fait, Da Silva, celui-là, évitez de l'abîmer.

***

Quand il fut extrait du fourgon cellulaire par le capitaine Da Silva sur le parking de la prison, Kristopher distingua d'abord une musique. Il n'y prêta pas grande attention, jusqu'au moment où il l'identifia comme un flamenco endiablé. Tournant machinalement la tête en direction du remue-ménage, il distingua ensuite le fourgon C10. À la fenêtre ouverte, un gros basané hirsute battait le rythme contre la portière.

– Mais c'est Rambo… murmura-t-il pour lui-même.

Il se raidit et cessa de marcher en direction de la maison d'arrêt. Da Silva le poussa doucement dans le dos :

– Allez mon pote, on fait pas d'histoires.

Kristopher reprit sa marche comme un automate, sans cesser de contempler le manège autour de la fourgonnette. La porte coulissante venait de s'ouvrir, laissant passer quelques autres Manouches mis sur leur trente et un, avec costard lustré, tifs ripolinés de frais et chevalières d'archevêque. Da Silva posa la main sur le poitrail de Kristopher et lui intima l'ordre d'arrêter. Ils venaient d'arriver devant la vitre sans tain, et le flic déclina son identité et sa fonction. Kristopher se tordait le cou pour ne pas perdre une miette de ce qui se passait à cent mètres de là. Il montra le spectacle :

– Eh chef, là-bas, c'est bien la porte des sortants ?

– Affirmatif, répondit Da Silva, pourquoi ?

Mais Kristopher n'écouta pas la réponse. Il vit soudain là-bas la lourde porte de métal pivoter sur ses gonds et une silhouette émaciée sortir au grand jour au moment précis où jaillit du fourgon une forme toute féminine. Les deux ombres s'embrassèrent sous les vivats et les acclamations des Gitans.

– Mais c'est Ryan et Cyndie, balbutia Kristopher.

Il répéta les noms en boucle, sans parvenir à détacher son regard du baiser langoureux que la jeune fille offrait à son amant. Et plus il répétait leurs noms, plus il se mit à pâlir, à bégayer, à éructer. Soudain, il les hurla de toutes ses forces.

À son cri, le couple qui tournoyait cessa sa valse improvisée. Alors il vit Cyndie, épanouie de bonheur, s'écarter un peu de Ryan et faire un pas en avant, dans sa direction. Puis elle tendit le bras d'un seul coup, et brandit vers lui un doigt d'honneur. Alors elle éclata de rire et embrassa à bouche-que-veux-tu Ryan. Kristopher envoya un coup de boule au brigadier qui l'accompagnait et s'élança sur le parking. Da Silva voulut l'empoigner par les cadènes qui étaient accrochées dans son dos, mais la prise lui échappa, et Kristopher, toujours braillant, commença à courir vers le couple. En trois enjambées, le flic fut sur lui, le plaqua au sol et lui fit goûter quelques belles tranches de steack à cinq doigts.

– Mais putain, calme-toi, gueulait Da Silva en abattant ses mandales, le proc veut pas que je t'abîme !

Le combat fut inégal et de courte durée. Les amoureux en profitèrent pour s'éclipser dans la camionnette qui disparut dans un crissement de pneus. Alors Kristopher renonça à se défendre, cracha un peu de sang, et parla d'une voix froide :

– Je vais tout avouer.

– L'affaire du Corse ? apprécia Da Silva, c'est bien ça va gagner du temps.

Mais l'autre continua :

– Faut pas vous berlurer, chef. J'endosse le bouzillage du Corse. Mais surtout, je vais tout balancer sur les vols de bagnoles les combines à la tribu Patrac, tout vous raconter sur le rôle de Ryan Moreau. Je suis sûr qu'il ne vous a rien balancé. Comptez sur moi pour tout. Vous aurez tous mes aveux et vous pourrez les faire tomber, les uns après les autres, ces saligauds.

Et il commença de tout raconter, là, sur le parking, la tête en sang. Il entra dans le moindre détail, des passe-partout anglais aux containers pour l'Ukraine et Tamanrasset, en passant par les carambouilles à la carte à programmer. Il donna le nom des garages de complaisance, des acheteurs étrangers, des revendeurs de pièces. Il traita de la place et de la responsabilité de chacun, de la corruption de maître Cube jusqu'aux containers échappant à la douane de Jean Jacques, en passant par la complicité de recel pour Cyndie.

– Mais surtout, chef, pria-t-il, surtout magnez-vous le tronc !

L'autre prit la mouche :

– Eh mon con, je te rappelle que c'est moi qui donne le tempo.

Kristopher l'implora :

– Grouillez-vous quand même de faire une descente à la casse. Parce que la compagnie Patrac est en train de plier les gaules. Et elle va bientôt traverser le Rhin.

***

Toute la compagnie de gendarmerie était rassemblée frileusement dans la cour du parking. Da Silva avait réussi à obtenir des effectifs supplémentaires parmi les gardes mobiles de Tarascon et quelques gros bras du GIPN s'étaient déplacés pour l'occasion. Il était le seul en civil, sweat, jeans et rangers et il plastronnait dans un joli petit blouson de facho dont il venait de faire l'acquisition. Il allait d'un groupe à l'autre dans la nuit bleuie par l'aurore, paradant devant les équipes de télé qui ne voulaient pas perdre une miette de la rafle. Mais surtout, au plus secret de son cœur, le flic exultait : le procureur et le président Burnier s'étaient déplacés en personne pour l'occasion afin d'assister à sa consécration. La mine fripée de ces deux sexagénaires, usés par les petits fours et défigurés par les stations debout pendant les réceptions, le réjouissait jusqu'au tréfonds de l'âme. Il tenait enfin sa revanche. Nouméa était au bout de sa planche de surf.

Il récapitula les grandes étapes de l'assaut, l'enfermement, la prise en tenaille, l'isolement des femmes et des enfants confiés illico presto aux assistantes sociales auxiliaires de la police, les sections de combat s'occupant chacune d'une caravane, la brigade canine en embuscade dans les chemins de traverse. La lune se reflétait sur les canons des fusils à pompe, sur les caisses de grenades assourdissantes, lacrymogènes, sur les carrosseries des véhicules d'intervention. Les gyrophares silencieux lançaient dans la nuit leur éclat bleuté, répondant au clignotement tremblant des étoiles lointaines.

Da Silva écrasa une larme. À quoi bon, songeait-il, s'emmerder à lire des livres, quand la poésie est dans la rue, et précisément dans la cour d'un commissariat ? Il inspira une grande goulée d'air frais et contempla ses troupes harnachées. Putain que ces gueules de tueurs étaient photogéniques ! Pas un poil de graisse, des coupes de para, des mâchoires saillantes, des pectoraux athlétiques. Les caméras ne s'y trompaient pas d'ailleurs, zoomant sur ces paquets de muscles, de loi et d'ordre avec le même soin qu'elles cadraient les attributs virils des charolais à un concours agricole de reproducteurs.

Soudain Da Silva tiqua. Dans l'angle mort de sa vision, il crut déceler une forme inattendue. C'était la petite stagiaire un peu boudinée qui trottait au milieu de la courée :

– Putain Ghislaine, l'engueula Da Silva les dents serrées, qu'est-ce que vous foutez là ? Vous voulez saloper les plans de la télé ? On vous a pas demandé de rester aux transmissions dans les bureaux ?

La Ghislaine en question arriva à hauteur du flic, le visage déformé par l'angoisse. Lorsqu'il lui ordonna de s'expliquer, il constata qu'un grand silence se faisait dans la cour et que tous les regards convergeaient sur lui. Il nota aussi que les visages de Burnier et du procureur prenaient une teinte cendrée de mauvais aloi. Il y avait de quoi. Ghislaine annonçait que le campement des Gitans était en train de brûler.

***

La silhouette du capitaine se découpait sur le brasier, marionnette dérisoire gesticulant contre le déchaînement de cette rôtissoire géante. À trois cents mètres, on sentait la morsure des flammes sur ses joues et la suie dégouttante du caoutchouc qui se répandait en une bruine invisible sur le petit blouson nickel de Da Silva le souillait d'une fine pellicule noire et graisseuse.

– Votre compte est bon, capitaine Da Silva, maugréa le proc. La semaine prochaine vous commencez votre première ronde en scooter dans la cité de Valdegour.

– Non ! s'exclama l'autre, en montrant les hautes flammes ronflantes qui léchaient les étoiles, regardez ! Regardez ! ce sont les caravanes qui sont incendiées.

– Qu'est-ce que vous voulez qui brûle d'autre dans un camp de nomades ? rétorqua le président Burnier en se tamponnant le front d'un mouchoir, des appartements avec vue sur la mer ?

Le flic insista :

– Mais vous ne voyez donc pas ?! Ils ont mis le feu aux caravanes, mais pas aux voitures ! Ils sont en fuite !

Le procureur et le président biglèrent l'incendie. En effet, aucune carcasse de bagnole n'était la proie des flammes. Le capitaine claqua des doigts et partit d'un rire aussi haut perché que les flammes :

– Mon indic avait raison ! Ils se sont barrés pour l'Allemagne ! Avec armes, bagages et pièces à conviction !

Il sauta au collet du procureur en postillonnant :

– Vu l'étendue de l'incendie, ils sont partis il y a moins d'une heure. Ils ont chopé l'A9 à Gallargues, remontent sur l'A7 pour bifurquer sur Grenoble et filer à l'est ! Mais si on met des barrages à la sortie de Valence sur l'A49 et à l'entrée de Lyon, on peut encore les coincer ! En plus, on fout nos collègues de la douane allemande sur le coup, histoire de se la péter collaboration européenne et tout le bataclan... Mais nous, futés, on se les gaule sur le territoire national ! Et à nous le prestige !

Les deux croulants semblaient encore indécis.

– Le plan Épervier, ça coûte bonbon, objecta le proc.

Le capitaine Da Silva jeta un coup d'œil nerveux à sa montre-bracelet :

– Si on s'y met tout de suite, on les coince à l'aube. On a droit au prime-time de neuf heures pour la conf de presse… Imaginez le reportage… Des Roumains penauds et crapoteux, bas du cul et gras du bide… À côté, leurs grognasses déguisées en Esmeralda passées au brou de noix, des chiards à la volée, morve au nez et crotte au cul, grabotant dans la gadoue… Et derrière toute la smalah, leurs grosses cylindrées flambant neuves, toutes volées aux honnêtes travailleurs français. La voix off du reporter, avec des trémolos gaulliens… « Sûreté nationale ! » « Démantèlement d'un trafic international ! » « Immigration sauvage ! »… Écoutez, dans la tribu, j'ai même une Blanche, tout ce qu'il y a de blonde, aryenne quasi… Elle, on la balance à l'écran, habillée comme une souillon, réduite à nettoyer les goguenots du caïd local, finissant dans son paddock comme une pucelle jetée à l'ogre. Et toujours la voix off : « Trafic humain ! » « Proxénétisme ! » « Esclavage moderne ! »... Avec ça, on patauge dans le médiéval bien salingue ! La France entière des propriétaires de femmes et de bagnoles s'émeut ! Tremblez brave populo, les Carpates sont à vos portes ! Mais la police veille et l'État vous protège !… Avec ça, si le ministre nous picore pas dans la main…

– Une petite blonde qui fait l'esclave ? répéta le président Burnier d'une voix tremblante et humide d'émotion, c'est sûr que c'est à considérer.

Le procureur et le président eurent un bref conciliabule. Puis ce dernier s'avança, portant le mouchoir à ses lèvres :

– C'est votre dernière chance, Da Silva, mais souvenez-vous, hein ? : si ça ne marche pas, lundi…

De sa main libre, il fit mine de passer une vitesse au guidon d'un VéloSoleX.

– … Lundi, c'est tournée en Mobylette dans la Zup.

***

À neuf heures cinq, Da Silva était prostré dans la salle de repos d'une aire d'autoroute, devant Burnier et le procureur, fous de rage. Ce dernier se leva de sa chaise et s'épousseta les épaulettes renforcées de sa veste bleu marine :

– Vous êtes un faquin, Da Silva, doublé d'un sot. Les barrages n'ont alpagué que deux excès de vitesse, un refus d'obtempérer et le camion d'un directeur de cirque moldave lanceur de couteaux recherché dans son pays pour homicide à l'arme blanche. Mais sinon, pas plus de Gitans sur ces autoroutes que de beurre en broche.

– Et pas la moindre petite esclave sexuelle blonde, bougonna Burnier en s'essuyant les lunettes à son mouchoir.

– Maintenant, continua le procureur, c'est à vous de vous démerder de tout cela.

À travers la vitre, il montra les équipes de télévision qui attendaient sur le parking.

– Mais je vous jure, chercha à se justifier Da Silva en se levant, mon indic était formel… Il a sans doute été le fruit d'une machination abjecte et…

– Taisez-vous ! Vous êtes un con ! explosa le procureur, vous êtes un con et tout le reste n'est que littérature ! À compter de maintenant, vous êtes démis de toutes vos fonctions et je veux votre démission lundi sur mon bureau ! Rendez-moi vos insignes et votre arme.

Soufflé, Da Silva s'exécuta. Les deux officiels disparurent dans un crissement de semelles de crêpe sur le lino de l'Autogrill. Da Silva s'effondra dans son fauteuil miteux, hagard. Un tremblement nerveux le secoua des pieds jusqu'à la tête.

– « Tout le reste n'est que littérature », je t'en foutrais, répéta-t-il en ravalant sa rage.

Alors, au moment précis où il prononça le mot de littérature, un souvenir extrêmement vivace se rappela à lui. Il revoyait la scène avec une intensité de détail incroyable. C'était cet instant étrange où il était face au capitaine Jean Jacques dans l'atelier SNCF et qu'il déchiffrait quelques lignes dans Homère. Il se souvint des gravures à la pointe sèche, des caractères d'imprimerie aux courbes désuètes. Il se souvint même des mots, qui s'égrenèrent les uns après les autres sans difficulté :

... ceux d'Argos, ayant incendié leurs tentes, s'éloignaient sur les bancs de leur flotte ; mais déjà aux côtés du glorieux Ulysse, les chefs étaient à Troie, cachés dans le cheval que les Troyens avaient tiré sur l'Acropole.

Et puis lui revint l'explication qu'en donna le vieux marinier : Ulysse et sa bande brûlant leur campement et planquant les bateaux, faisant croire qu'ils étaient retournés chez eux, et pendant ce temps-là se planquant dans le cheval de Troie. Le sang de l'ex-capitaine ne fit qu'un tour. Et comment s'appelait déjà la péniche du vieux type ? Il n'eut pas grand effort à fournir ; le nom s'imprima dans sa mémoire en lettres de feu.

Il déboula sur le parking, renversant caméras et projecteurs, enfourcha la moto banalisée d'un flic en civil, et fit cracher les soupapes.

– Eh mon capitaine ! où vous allez comme ça ?

– Au port du Grau-du-Roi.

– Vous croyez qu'il y aura les bagnoles des Patrac ?

– C'est pas des bagnoles que je cherche, c'est une péniche de mer. Une péniche qui s'appelle *Le Cheval de Troie* !

Da Silva, dorénavant sans grade et sans mission, disparut dans un nuage de gaz de combustion et de pneus cramés.

***

L'ex-flic fit un crochet jusqu'aux ateliers SNCF pour confirmer son intuition. Le parking était occupé par des berlines rutilantes et flambant neuves, des Mercedes classe E, des 240D, des RAV4, des X-Trail diesel, des V6 TDI, toutes équipées de la boule à l'arrière, mais toutes orphelines de leur caravane…

Non loin de là, la porte coulissante de l'atelier de Jean Jacques était béante, et l'immense verrière était vide… Il ne restait plus au sol que les tubes de l'échafaudage en beau désordre, et les poutres de bois en soutien de la coque. Au loin traînait un poste à souder abandonné.

– Les fumiers, jura-t-il.

Il calcula : haler la péniche hors du local, la gruter sur un transporteur en convoi extraordinaire, rallier le port le plus proche et mettre le navire à l'eau avait dû prendre toute la matinée. Il jeta un coup d'œil à sa montre-bracelet. On approchait de midi. Il avait encore ses chances. Il repéra non loin de là trois vieux pères qui s'en revenaient à leur local syndical en enroulant des drapeaux de la CGT.

– Hep, vous là-bas, y a longtemps qu'elle est partie, la péniche ?

– « Hep vous là-bas » ? marmonna l'un des petits vieux, c'est pas vrai qu'il nous siffle comme un flic, celui-là.

– Ben justement, j'en suis un, riposta Da Silva.

– Ah bon. Alors vous avez vos papiers !? ordonna le pépère avec une grimace furibarde et soupçonneuse.

Les deux autres éclatèrent de rire. C'était bien la première fois qu'un vieux syndicaliste demandait ses papiers à un cogne. Da Silva fourragea dans la poche intérieure de sa veste et se souvint qu'il avait tout rendu au procureur. Il insulta la mère de ce dernier, lâcha les gaz et disparut à l'horizon sous les quolibets des trois cégétistes hilares.

***

Arrivé au Grau-du-Roi, il longea le canal du Vidourle sur sa droite, passa le pont tournant en trombe et bifurqua vers Port-Camargue. Il tomba nez à nez avec un truck monstrueux à la manœuvre sur le rond-point de sortie, tous gyrophares dehors. Il braqua sa moto qui stoppa en travers de la chaussée. Le conducteur du camion pila et commença à l'incendier d'insultes par la fenêtre. Da Silva escalada le marchepied de la portière et alpagua le mec au collet :

– La péniche, elle est où ?

– En mer. Ils étaient toute une foule à la manœuvre. Même des femmes et des enfants, ça a pas traîné.

– Ils ont dit quelle direction ?

– Euh… Ithaque.

– Ithaque ? C'est quoi ?

Le chauffeur haussa les épaules. Da Silva remonta sur sa machine et fonça au milieu des ruelles écrasées de soleil jusqu'au début de la jetée. Arrivé à sa hauteur, il freina, mit pied à terre, s'essuya la sueur qui gouttait de ses sourcils. Le moteur de sa Honda poussé à bout était brûlant ; il ronronnait au ralenti comme une bouilloire pleurétique. Il observa alentour. Les navires étaient rares à cette heure, les chalutiers étaient partis en mer depuis longtemps et la mer était d'huile. Le soleil de plein midi s'y reflétait comme à la surface d'un miroir d'argent liquide. Arc-bouté sur le guidon, il lutta contre l'éblouissement et commença de distinguer à l'embouchure du port une masse fuselée étincelante au soleil, toute en ventre et en rondeurs. Sur le bastingage, de petites silhouettes s'activaient à la manœuvre tandis que le gros vaisseau tournait lentement sur lui-même en contournant la pointe de la jetée. Da Silva poussa un cri de triomphe. En une seconde, il calcula la trajectoire de sa moto et de la péniche : un vol plané et il atterrirait sur le bord du navire. Les Patrac étaient cuits, le procureur allait lui cirer les pompes avec la langue. Il kicka sa machine. Elle repartit au quart de tour. Il accéléra à plein régime. À cette heure, la jetée était quasi déserte. C'était assez normal : les gens redoutaient le soleil de midi.

Et puis l'accès en était barré par un agent de sécurité avec chien au service d'un grand centre commercial qui tournait un spot publicitaire.

Lorsque le planton vit la moto débouler à pleine vitesse en bas de la jetée, il la héla et lui ordonna de ralentir. Quand il vit qu'elle accélérait au contraire et que le conducteur s'allongeait sur le carénage pour être encore plus rapide, l'agent de sécurité s'écarta précautionneusement, tandis que son chien se campa au milieu du chemin et se mit à gronder.

– Halte ! cria-t-il.

Rien n'y fit. La moto percuta l'animal de plein fouet. Le planton entendit distinctement les os craquer tandis que son berger allemand tombait au sol comme une chiffe molle.

***

À bord du *Cheval de Troie*, c'était le grand affairement. Tous les hommes valides avaient été réquisitionnés et pas un Gitan n'échappait à la manœuvre, secondés qu'ils étaient par Fouad Moussa et les trois Ben Barka. Seuls resquillaient Sylvester, Jean Jacques, maître Cube et Ryan, qui prenaient l'apéritif sur le gaillard arrière de la péniche. Le grondement de la moto et les cris des agents de sécurité les détournèrent d'une sérieuse partie de cartes et leur firent tourner la tête. Cyndie qui était juchée sur un mât de fortune et s'escrimait, du haut du nid de corbeau, à accrocher un drapeau pirate, plissa des paupières.

– Dites donc, maître Cube, ce serait pas votre flic en moto, en train de foncer sur nous ?

Les joueurs se levèrent lentement de leur siège de camping.

– Il semble bien, répondit lentement le gros avocat sans quitter des yeux le motard qui roulait à pleine allure en leur direction.

***

Le vieil agent de sécurité s'arracha du spectacle du corps sans vie de son fidèle clébard. C'était le deuxième en dix ans. Une colère froide commença à le submerger et il sortit lentement le pistolet de l'étui qu'il avait à la ceinture. Après tout, la dernière fois que cela lui était arrivé, il avait dézingué une racaille de même pas vingt ans, un certain Mike Moreau. Mais il était ressorti la tête haute du tribunal, avec un non-lieu et les félicitations du patron de la zone commerciale. Il se mit en position, ferma les yeux, leva le bras avec l'arme en direction de la cible, ouvrit à nouveau les yeux, vérifia l'alignement corps-bras-cible. Tout était parfait. Il appuya sur la queue de détente.

***

Au moment où la moto quitta la jetée et prit son envol, Da Silva se voyait déjà en train de chevaucher une vague immense à l'autre bout du monde. Il s'imaginait déjà entendre les ukulélés polynésiens, il écarta les bras et bascula la tête en arrière, sentant presque le parfum des fleurs du collier de bienvenue qu'on allait lui passer à la sortie de l'avion. À sa joie de surfer s'ajoutait celle de faire plaisir à son ministre, car Da Silva était de la race des serviteurs, confondant toujours leur plaisir avec celui de leurs chefs.

– C'est le ministre qui va être content, pensait Kevin Da Silva, le corps maintenant basculé vers l'arrière, prêt à faire le grand saut jusque sur le ponton de la péniche.

Mais la nuque de l'ex-capitaine Kevin Da Silva continua son mouvement dans l'indifférence ministérielle la plus totale, au-delà des limites mécaniques de ses vertèbres, sous la pression d'une balle de 11.43 propulsée par le flingue de l'agent de sécurité.

***

La moto dessina un arc de cercle parfait au-dessus de la péniche, étincela un instant dans la lumière du zénith, comme si elle cherchait à s'y faire admirer, puis acheva gracieusement sa course dans la Méditerranée où elle disparut dans une gerbe d'écume. Quant à Da Silva, il roula et boula le long de la jetée, avant de finir, lui et ses rêves grotesques de liberté maritime, dans un filet à poissons nauséabond qui traînait par là.

Jean Jacques tira une bouffée sur sa pipe, releva sa casquette pour se gratter le front et déclara d'un air dubitatif :

– Décidément non. Je ne comprends vraiment pas comment on peut être flic.

***

Le *Cheval de Troie* put donc prendre la mer, avec à son bord toute la bande à Ryan. Passant d'un port à l'autre de la Méditerranée, ils étaient précédés de leur réputation et du large mouvement social de réappropriation collective qui avait vu le jour dans le Sud de la France et remontait, comme une irrésistible marée, jusqu'aux contreforts de la capitale. Il suffisait que la péniche de mer vienne mouiller dans un port, et aussitôt elle était prise d'assaut par une foule enthousiaste qui voulait en savoir toujours plus sur cette incroyable lame de fond qui n'attendait pas le grand soir pour provoquer de multiples éclipses. Et les cales du *Cheval de Troie* s'emplissaient gratuitement de fruits et d'offrandes, de cadeaux et de surprises que le jeune couple s'empressait de redistribuer à l'escale suivante pour découvrir qu'en retour, il recevait d'autres présents et largesses, toujours sources d'émerveillement et d'étonnement.

Sans qu'ils le veuillent, là où ils accostaient, ils plantaient l'étendard de la sédition et de la révolte. Le jeune couple répondait aux questions le plus débonnairement du monde, mais dans le sillage de leur esquif, les chefs des partis politiques se défenestraient, les gendarmes jetaient leur uniforme aux égouts, les parlements et les sénats se transformaient en salles de spectacles de cabaret burlesque, les entreprises étaient dévalisées par leurs employés et les patrons rançonnés par leurs ouvriers, les guichetiers des banques redistribuaient l'argent dans la rue, les livreurs de grande surface déposaient librement en tas la marchandise sur le parking destiné à la clientèle, les chercheurs d'emploi n'en cherchaient plus et trouvaient l'or du temps dans les bibliothèques. Et partout, partout les germes de la révolution se répandaient.

– Que ce soit tous les jours Noël, déclarait Ryan d'une voix étranglée aux journalistes venus lui arracher son programme politique.

Puis Cyndie annonça à Ryan que c'était le moment. Il y avait une île non loin de là, à quelques encablures, et la péniche put accoster facilement dans un petit port de pêche grec encaissé dans une crique. Il était encore à la manœuvre et elle était à la proue lorsque l'aurore aux doigts de rose baigna les deux amants d'un nimbe doré.

Nous étions à Ithaque et elle commença d'accoucher.

Mais ceci est une autre histoire.

Table

Ce 337e titre du Dilettante a été achevé d'imprimer à 2 222 exemplaires le 18 février 2015 par l'imprimerie Floch à Mayenne (Mayenne). Il a été tiré, en outre, 13 exemplaires sur vélin rivoli blanc, numérotés à la main. L'ensemble de ces exemplaires constitue l'édition originale de « La Soudure », d'Alain Guyard.

Dépôt légal : 1er trimestre 2015
(88084)
Imprimé en France